中等职业教育"十三五"系列教材

信息技术类

Microsoft PowerPoint 2016:
Cong Rumen Dao Jingtong

Microsoft PowerPoint 2016:从入门到精通

主　审　◎　丁建雷
主　编　◎　赵延博
副主编　◎　张微微　李　萍

zjfs.bnup.com　|　www.bnupg.com

北京师范大学出版社

图书在版编目(CIP)数据

Microsoft PowerPoint 2016：从入门到精通/赵延博主编. —北京：北京师范大学出版社，2018.1
（中等职业教育"十三五"系列教材：信息技术类）
ISBN 978-7-303-22895-9

Ⅰ. ①M… Ⅱ. ①赵… Ⅲ. ①图形软件－中等专业学校－教材 Ⅳ. ①TP391.412

中国版本图书馆CIP数据核字(2017)第235424号

营销中心电话　010-58802181　58805532
北师大出版社职业教育分社网　http://zjfs.bnup.com
电　子　信　箱　zhijiao@bnupg.com

出版发行：北京师范大学出版社　www.bnup.com
　　　　　北京市海淀区新街口外大街19号
　　　　　邮政编码：100875

印　　刷：	天津市宝文印务有限公司
经　　销：	全国新华书店
开　　本：	787 mm×1092 mm　1/16
印　　张：	8
字　　数：	179千字
版　　次：	2018年1月第1版
印　　次：	2018年1月第1次印刷
定　　价：	23.80元

策划编辑：林　子		责任编辑：马力敏　王玲玲	
美术编辑：高　霞		装帧设计：高　霞	
责任校对：陈　民		责任印制：陈　涛	

版权所有　侵权必究

反盗版、侵权举报电话：010－58800697
北京读者服务部电话：010－58808104
外埠邮购电话：010－58808083
本书如有印装质量问题，请与印制管理部联系调换。
印制管理部电话：010－58808284

前言

随着社会信息化程度的不断深入发展,计算机基础知识已经成为各行各业的基本素养之一,中高职院校以培养符合社会岗位需求的人才为目标,计算机的应用已成为各学科发展的基础。因此,学习和掌握计算机基础知识已成为人们的迫切要求,只有熟练掌握计算机应用的基本技能和操作技巧,才能站在时代的前列。随着技术的不断完善,人们的工作效率也在不断提高,它甚至影响到人们的行为、思想和习惯。为了适应社会各阶层对计算机基础知识的了解,普及计算机的基本应用,我们综合多年来在计算机教学实践中积累的丰富经验,采用"任务驱动"的教学理念,紧跟计算机技术的潮流,编写了计算机应用基础系列丛书,本书是这套丛书中的第四本——Microsoft PowerPoint 2016:从入门到精通。

本书特色:

(1)采用模块化编写的方法,涵盖面广泛,内容新颖,案例丰富。

(2)每个模块均采取"任务驱动、知识补充"的方式。在充分调动学生学习积极性的基础上,又照顾到知识点的讲解,内容难易适中,充分考虑到具有不同基础知识的学生的学习幻灯片的需要。

(3)课后的实训内容丰富多彩,能够有效地提高学生动手能力。

本书主要内容:

模块一　初识 PowerPoint 2016

模块二　文本的输入和编辑

模块三　图形图像的处理

模块四　幻灯片的放映

模块五　自定义动画的使用

模块六　插入表格和图表

模块七　添加 SmartArt 图形

模块八　插入多媒体元素和交互式动画的运用

本教材由赵延博担任主编,张微微、李萍担任副主编。

本教材在内容上深入浅出、循序渐进、安排合理、重点突出，可为中高职学生打下良好的计算机基础。

由于作者水平有限，书中难免有错误与不足之处，敬请专家和广大读者批评指正。

编 者
2017 年 11 月

目 录

模块一　初识 PowerPoint 2016 …………………………………………… 1
　　任务一　演示文稿的基本操作 ……………………………………………… 1
　　任务二　设置演示文稿的主题和背景 …………………………………… 12
　　任务三　幻灯片的基本操作 ……………………………………………… 17

模块二　文本的输入和编辑 ……………………………………………… 21
　　任务一　输入并编辑文本 ………………………………………………… 21
　　任务二　特殊文本的输入 ………………………………………………… 26

模块三　图形图像的处理 ………………………………………………… 37
　　任务一　对"青岛欢迎您"进行编辑 ……………………………………… 37
　　任务二　个性化形状的设置 ……………………………………………… 45

模块四　幻灯片的放映 …………………………………………………… 59
　　任务　　放映"青岛欢迎您" ……………………………………………… 59

模块五　自定义动画的使用 ……………………………………………… 65
　　任务　　制作实例中的简单动画 ………………………………………… 65

模块六　插入表格和图表 ………………………………………………… 81
　　任务一　插入与设置表格 ………………………………………………… 81
　　任务二　创建并美化图表 ………………………………………………… 91

模块七　添加 SmartArt 图形 …………………………………………… 97
　　任务　　插入 SmartArt 图形 …………………………………………… 97

模块八　插入多媒体元素和交互式动画的运用 ……………………… 105
　　任务一　插入多媒体元素 ……………………………………………… 105
　　任务二　添加交互式动画 ……………………………………………… 112

模块一

初识 PowerPoint 2016

　　PowerPoint 2016 是 Microsoft 公司开发的办公软件 Office 2016 中的一个组件，属于演示文稿软件。用户可以在投影仪或者计算机上进行演示，也可以将演示文稿打印出来，制作成胶片，以便应用到更广泛的领域中。利用 Microsoft Office PowerPoint 不仅可以创建演示文稿，还可以在互联网上召开面对面会议、远程会议或在网上给观众展示演示文稿。

1. 掌握 PowerPoint 2016 的基本界面及启动与退出方法；
2. 掌握 PowerPoint 2016 演示文稿的创建、保存、文本设置以及演示文稿的基本操作等。

 演示文稿的基本操作

 任务目标

　　PowerPoint 2016 的基本操作是学习幻灯片的基础。本任务主要学习 PowerPoint 2016 的基本界面，PowerPoint 2016 的启动和退出，创建、保存演示文稿等内容。
　　通过创建新的演示文稿，掌握演示文稿的创建方法。

任务描述

　　创建"青岛欢迎您"演示文稿，包含 6 张幻灯片，第 1 张幻灯片作为标题页，其他 5 张

1

幻灯片分别写着景点的名称，栈桥—五四广场—中山公园—崂山北九水—八大关，并保存在"D:\模块一\任务一"文件夹中。

任务实施

想一想：

在前面学过的 Word 2016 和 Excel 2016 中如何创建一个新的文档？
Word 2016 中创建的新文件我们称之为 Word 文档，Excel 2016 中创建的新文件我们称之为 Excel 工作簿。

①单击"开始"按钮，选择"所有程序"→"Microsoft Office"→"Microsoft Office PowerPoint 2016"菜单，启动 PowerPoint 2016，进入其向导工作界面，选择"空白演示文稿"，创建一个空白演示文稿，该演示文稿中默认情况下有一张幻灯片，如图 1-1、图 1-2 所示。

如果要创建新的空白演示文稿，操作步骤如下：

选择"文件"选项卡中的"新建"，单击"空白演示文稿"，也会出现如图 1-2 所示的空白演示文稿界面。

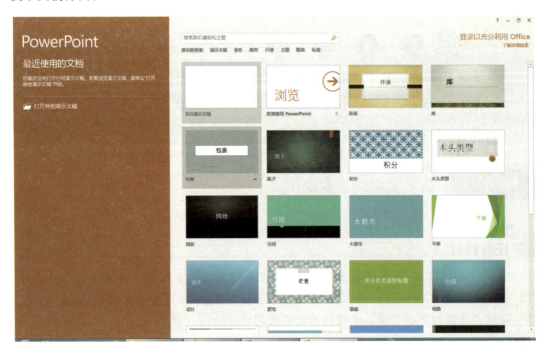

图 1-1

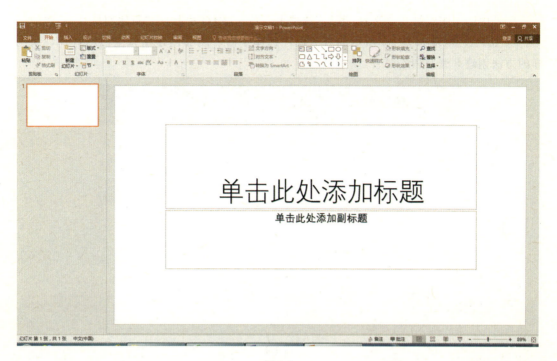

图 1-2

②选中第 1 张幻灯片,在占位符中分别输入"青岛欢迎您"和"2017.03",如图 1-3 所示。

图 1-3

③选中第1张幻灯片,选择"开始"选项卡,单击"幻灯片"组中"新建幻灯片"右边的三角,如图1-4,出现如图1-5所示的对话框,选择空白,能够创建1张空白幻灯片,用同样的方法创建5张空白幻灯片。

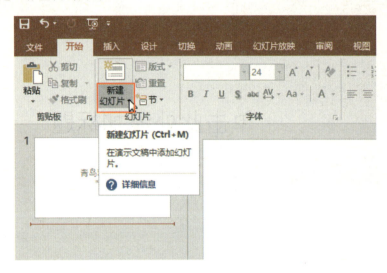

图 1-4

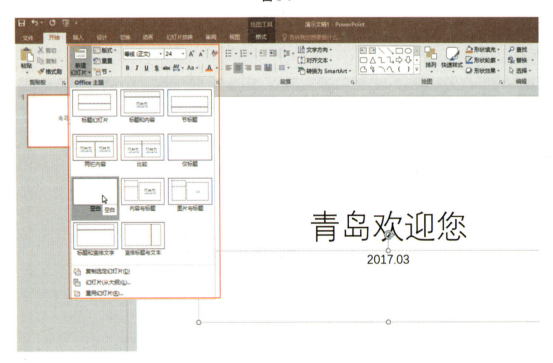

图 1-5

④选中第2张幻灯片,选择"插入"选项卡中的文本框按钮,插入文本框,并输入对应的景点名称"栈桥",用同样的方法,将后面的幻灯片依次输入各个景点名称(五四广场—中山公园—崂山北九水—八大关),如图1-6、图1-7所示。

图 1-6

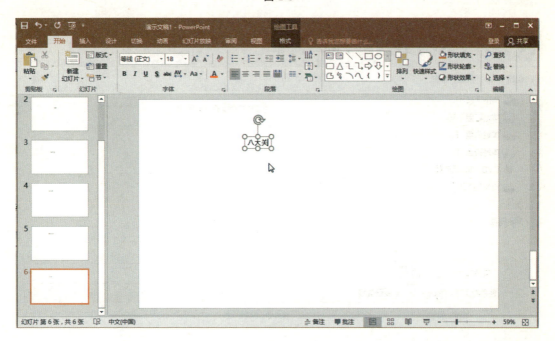

图 1-7

⑤保存演示文稿，选择"文件"中的"另存为"命令，在保存位置中选择"D：\模块一\任务一"文件夹，名称为"青岛欢迎您"，保存类型为"PowerPoint 演示文稿"，如图 1-8、图 1-9 所示。

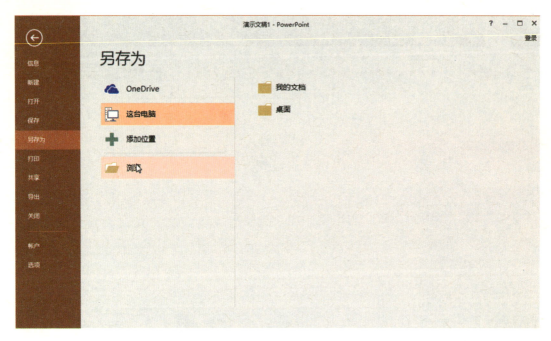

图 1-8

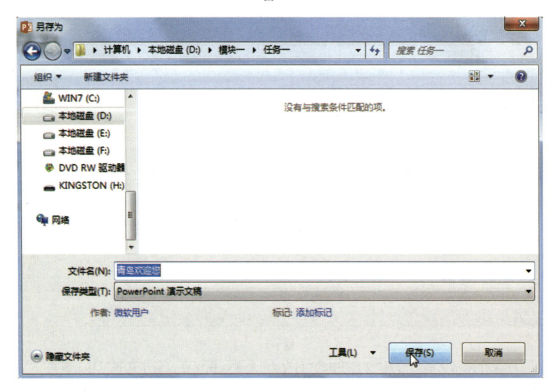

图 1-9

模块一 初识 PowerPoint 2016

 要点精讲

1. PowerPoint 2016 窗口介绍

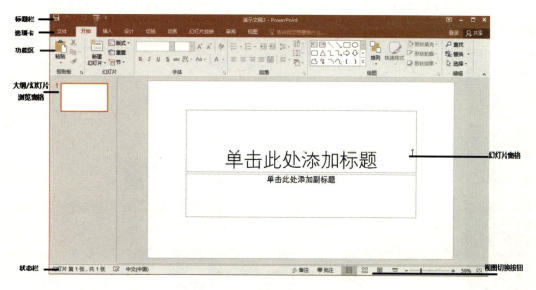

图 1-10

2. 什么是演示文稿

（1）含义

演示文稿是由 PowerPoint 2016 软件编辑出来的文档，又被称为"电子演示文稿"，也可简称为 PPT 文档。幻灯片是由一个个元素组成的，这些元素有文本、插图、动画等。

（2）演示文稿与幻灯片的区别

①演示文稿是由一张张幻灯片组成的；

②演示文稿中的每一页都叫一张幻灯片；

③每张幻灯片都是演示文稿中既相互独立又相互联系的内容。

3. 演示文稿的基本操作

（1）创建演示文稿

PowerPoint 2016 提供了多种创建演示文稿的方法，包括创建空白演示文稿、利用模板创建演示文稿和使用主题创建演示文稿等，下面将介绍两种方法。

第一，创建空白演示文稿。

选择"文件"选项卡，选择"新建"命令，单击"空白演示文稿"按钮（或选择其他主题），再单击"创建"按钮，即可得到新建的演示文稿，在中间区域可以选择多种模板类型。

打开文件夹，在空白处单击鼠标右键，在弹出的菜单中选择"新建"命令，然后在其

子菜单中选择"Microsoft Office PowerPoint 演示文稿"命令，即可新建一个演示文稿。

第二，利用模板创建演示文稿。

①切换到"文件"选项卡，选择"新建"命令，单击中间窗格内的"样本模板"选项，弹出的窗口中将显示已安装的模板，如图 1-11 所示。

②选择要使用的模板，然后单击"创建"按钮，即可根据当前选定的模板创建演示文稿，如图 1-12 所示。

图 1-11

图 1-12

图 1-13

③如果已安装的模板不能满足制作的要求,可以在"新建"窗口的"搜索联机模板和主题"内搜索,然后单击"创建"按钮即可下载并创建该模板的新幻灯片,如图 1-14、图 1-15 所示。

图 1-14

图 1-15

(2) 打开演示文稿

如果需要对创建的演示文稿进行编辑，就需要进行打开操作，常见的方法如下：

① 双击打开：在计算机中找到要打开的演示文稿，然后双击该演示文稿，即可打开，如图 1-16 所示。

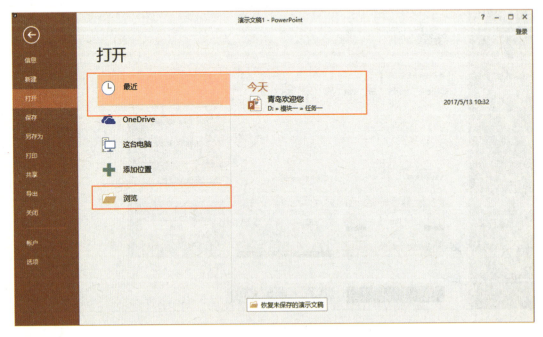

图 1-16

②通过"打开"对话框打开：选择"文件"中"打开"选项，打开对话框，可以选择打开最近编辑的文档或者单击"浏览"选择需要打开的演示文稿，单击"打开"按钮，如图 1-17 所示。

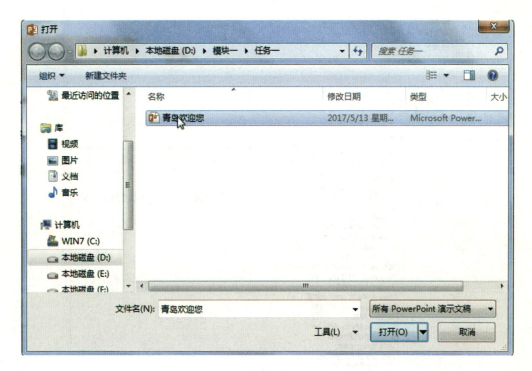

图 1-17

（3）保存演示文稿

保存演示文稿的方法主要有以下几种方法。

①直接保存：直接保存演示文稿是比较常用的方法，选择"文件"中的"保存"选项，打开"保存"对话框，设置保存位置和名称，单击"保存"按钮。

②另存为：如果不想改变原有演示文稿的内容，可以选择"另存为"命令将演示文稿保存在其他位置。选择"文件"中的"另存为"选项，打开"另存为"对话框。设置保存的位置和文件名，单击"保存"按钮。

③保存为其他格式：PowerPoint 2016 支持将演示文稿保存为其他格式的文档。其方法是进行保存时，在"另存为"对话框的"保存类型"下拉列表框中选择一种文档的格式，单击"保存"按钮，如图 1-18 所示。

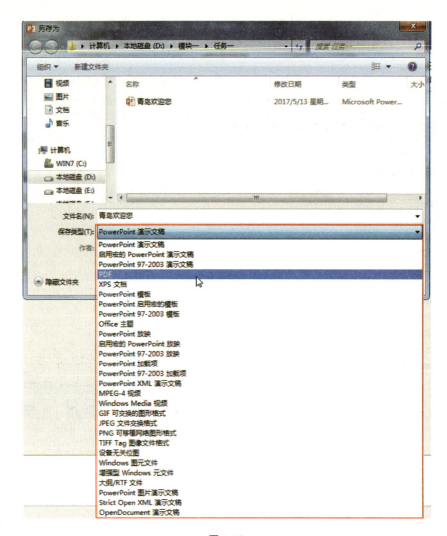

图 1-18

任务二　设置演示文稿的主题和背景

 **任务目标**

主要学习设置演示文稿的主题和幻灯片的背景。

 任务描述

针对任务一中的"青岛欢迎您"演示文稿，设计统一的主题——"深度"，并将第 4 张幻灯片"中山公园"的背景设置为"羊皮纸"纹理背景。

任务实施

小知识：

> 模板是现成的样式（包括图片、动画等），直接输入内容就可以使用了。
> 母版中包含可出现在每一张幻灯片上的显示元素，如文本与位符、图片、动作按钮等，使用母版可以方便地统一幻灯片的风格。
> 主题是给设置好的幻灯片更换颜色、背景等统一的内容。

①打开任务一中的"青岛欢迎您"演示文稿，单击"设计"选项卡，选择主题组中的主题命令，再单击主题右下角的下拉菜单按钮，是一个小倒角，鼠标移动到每个主题上，可以预览主题的样子，选择喜欢的主题后单击鼠标，就可以选中主题了。从主题下拉菜单中选择"深度"主题，单击"保存"，如图 1-19、图 1-20 所示。

图 1-19

图 1-20

②选择第 4 张幻灯片——"中山公园",单击右键选择"设置背景格式",设置为"纹理"→"信纸"填充,如图 1-21 所示。

图 1-21

要点精讲

1. 什么是主题?如何设置幻灯片主题

在 PowerPoint 2016 中,主题是主题颜色、主题字体和主题效果等格式的集合。当用户为演示文稿中的幻灯片应用了主题之后,这些幻灯片将自动应用该主题规定的背景,而且,在这些幻灯片中插入或输入的图形、表格、艺术字或文字等对象都将应用该主题规定的格式,从而使演示文稿中的幻灯片具有一致而专业的外观。

用户除了可以在新建演示文稿时根据某个主题创建外,也可在创建演示文稿后再应用某个主题,或更改演示文稿的背景颜色等,如图 1-22 所示。

图 1-22

2．如何将图片设置为幻灯片背景

在打开的演示文稿中，右击任意幻灯片页面的空白处，选择"设置背景格式"；或者单击"设计"选项卡，选择右边的"背景样式"中的"设置背景格式"也可以，如图 1-23 所示。

图 1-23

在弹出的"设置背景格式"窗口中,选择第一个"填充",就可以看到有"纯色填充""渐变填充""图片或纹理填充""图案填充"四种填充模式,在幻灯片中不仅可以插入自己喜爱的图片背景,而且还可以将幻灯片背景设为纯色或渐变色。

插入漂亮的背景图片:选择"图片或纹理填充",在"插入图片来自"区域有两个按钮,一个是来自"文件",可选择来自本机电脑的幻灯片背景图片;一个是来自"剪切板"。

单击"文件"按钮,弹出对话框"插入图片",选择图片的存放路径,选择后按"插入"即可插入你准备好的幻灯片背景图片。

之后回到"设置背景格式"窗口中,之前的步骤只是为本张幻灯片插入了幻灯片背景图片,如果想要全部幻灯片应用同一张幻灯片背景图片,可单击"设置背景格式"窗口中左下角的"全部应用"按钮,如图 1-24 所示。

图 1-24

在 PowerPoint 2016 中,"设置背景格式"窗口还有"效果"和"图片"选项卡。有"图片更正""图片颜色""艺术效果"三种修改、美化幻灯片背景图片的效果,能调整图片的亮度、对比度，更改颜色饱和度、色调，可以重新着色或者实现线条图、影印、蜡笔平滑等效果，如图 1-25、图 1-26 所示。

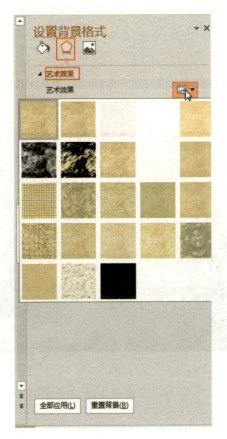 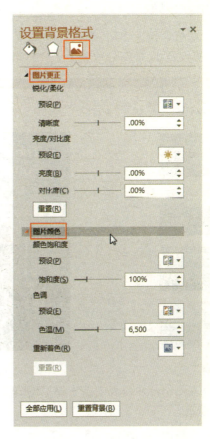

图 1-25　　　　　　　　　　　　　图 1-26

 幻灯片的基本操作

 任务目标

主要学习幻灯片的基本操作，包括复制、移动幻灯片和删除幻灯片。

任务描述

针对"青岛风光"中的幻灯片完成复制、移动和删除等相关操作。

任务实施

打开素材文件夹中的"模块一\任务三"中的"青岛风光"演示文稿,如图 1-27 所示,将第 22 张和第 28 张幻灯片删除,并将第 6 张幻灯片移动到第 7 张和第 8 张幻灯片之间。

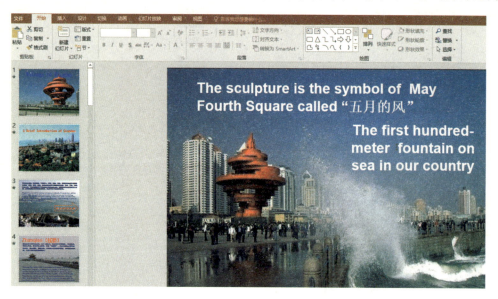

图 1-27

①从左侧幻灯片列表中选中第 22 张幻灯片,单击右键弹出如下快捷菜单,如图 1-28、图 1-29 所示。

图 1-28   图 1-29

②选择"删除幻灯片",即可将第 22 张幻灯片删除。

③同理,可以删除第 28 张幻灯片,也可以选中第 22 张幻灯片后,按下"Ctrl"键,再选中第 28 张幻灯片,可以一起删除。

④选中第 6 张幻灯片,按住鼠标左键采用拖动的方法,即可将幻灯片移动到指定位置。

 要点精讲

1. 新建幻灯片

启动 PowerPoint 2016 后,软件将自动新建一个空白演示文稿。选择"文件"选项卡,选择"新建"命令,单击"空白演示文稿"按钮(或选择其他主题),再单击"创建"按钮,即可得到新建的演示文稿,在中间区域可以选择多种模板类型。

打开文件夹,在空白处单击鼠标右键,在弹出的菜单中选择"新建"命令,然后在其子菜单中选择"Microsoft Office PowerPoint 演示文稿"命令,也可新建一个演示文稿。

2. 移动和复制幻灯片

移动幻灯片是指在制作演示文稿时,根据需要对幻灯片的顺序进行调整,而复制幻灯片则是在制作演示文稿时,如果需要新建的幻灯片与已经存在的幻灯片非常相似,可以通过复制该幻灯片再对其进行编辑,来节省时间和提高效率。移动和复制幻灯片有以下几种方法。

(1) 通过菜单命令移动和复制幻灯片

选择需要移动或复制的幻灯片,然后单击鼠标右键,在弹出的快捷菜单中选择"剪切"或"复制"命令。然后将鼠标定位到目标幻灯片上,单击鼠标右键,在弹出的快捷菜单中选择"粘贴"命令,即可将选择的幻灯片移动或复制到目标幻灯片后面,如图 1-30 所示。

(2) 通过快捷键移动和复制幻灯片

选择需移动或复制的幻灯片,按"Ctrl+X"或"Ctrl+C"组合键,然后在目标位置按"Ctrl+V"组合键,也可移动或复制幻灯片。

图 1-30

3. 删除幻灯片

方法一：在左侧"幻灯片/大纲"窗格中，选择需要删除的幻灯片，直接按下 Delete 键，即可将该幻灯片删除。

方法二：在左侧"幻灯片/大纲"窗格中，使用鼠标右键单击要删除的幻灯片，在弹出的菜单中选择"删除幻灯片"命令，即可删除该幻灯片，如图 1-31 所示。

4. 添加幻灯片

打开要进行编辑的演示文稿，选择添加位置，如第 1 张幻灯片，选中第 1 张幻灯片，单击右键，出现如下选择，如图 1-32 所示，选择"新建幻灯片"，则可在第 1 张幻灯片后面添加一张指定版式的新幻灯片。

图 1-31　　　　图 1-32

5. 更改幻灯片版式

选中需要更换版式的幻灯片，在"开始"选项卡的"幻灯片"组中单击"版式"按钮，在弹出的下拉列表中选择需要的版式即可，如图 1-33 所示。

图 1-33

模块二

文本的输入和编辑

1. 掌握幻灯片中文本输入的方法；
2. 掌握幻灯片中艺术字输入的方法；
3. 掌握幻灯片中特殊符号插入的方法。

 输入并编辑文本

任务目标

主要学习输入文本以及关于文本的基本操作。

任务描述

通过在素材"青岛欢迎您"演示文稿中输入对应的文本，掌握文本的输入方法和技巧。

任务实施

 小知识：

可以通过多种方法在幻灯片中输入文本：
1. 直接输入文本；
2. 通过文本框输入；
3. 通过图形输入文本。

①打开素材文件夹中的"模块一\任务一"中的"青岛欢迎您",选择第 2 张幻灯片(栈桥),按照图示输入文本内容,如图 2-1 所示。先选择"插入"选项卡中文本组中的文本框,选择横排文本框,将文本内容输入到文本框中。

②单击文本框,选择格式中的形状样式和艺术字样式,分别调整文本框边框和字体样式,按照图示内容进行更改,如图 2-2 所示。

图 2-1　　　　　　　　　　　　　　图 2-2

③选择第 3 张幻灯片,同样按照图示内容更改字体格式,字体颜色为标准色——红色,如图 2-3 所示。

④选择第 4 张幻灯片,通过文本框输入文本后,选中输入的文本,按照图示更改字体格式,如图 2-4 所示。

图 2-3

模块二 文本的输入和编辑

图 2-4

 试一试：

在编辑文本时，可以参考图 2-5、图 2-6 为幻灯片文本添加项目符号。

图 2-5　　　　　　　　　　　　图 2-6

 要点精讲

1. 输入文本

（1）在占位符中输入文本

打开一个空演示文稿，系统会自动插入一张标题幻灯片。在该幻灯片中，单击标题占位符，插入点出现在其中，接着便可以输入标题的内容了。要为幻灯片添加副标题，单击副标题占位符，然后输入相关的内容。将光标移至占位符四周控制点位置（此时光标显示为双向箭头），然后按住鼠标左键并拖动，可调整其大小；将光标移至占位符边线非控制点位置（此时光标显示为十字箭头），然后按住鼠标左键并拖动，可调整其位置。

23

(2)使用文本框输入文本

向幻灯片中添加不自动换行文本时,选择"插入"选项卡,在"文本"选项组中单击"文本框"按钮,从下拉菜单中选择"横排文本框"命令。单击要添加文本框的位置,即可开始输入文本,如图 2-7 所示。

图 2-7

2. 格式化文本

(1)设置字体与颜色

在演示文稿中适当地改变字体与字号,可以使幻灯片结构分明、重点突出。选定文本,选择"开始"选项卡,在"字体"选项组中单击"字体"和"字号"下拉列表框,从出现的列表中选择所需的选项,即可改变字符的字体或字号。

更改文本颜色时,先选定相关文本,选择"开始"选项卡,在"字体"选项组中单击"颜色"按钮右侧的箭头按钮,从下拉菜单中选择一种主题颜色。如果要使用非调色板中的颜色,请单击"其他颜色"命令,在出现的"颜色"对话框中选择颜色。

(2)调整字符间距

为演示文稿进行排版时,为了使标题看起来比较美观,可以适当增加或缩小字符间距,方法为:选定要调整的文本,选择"开始"选项卡,在"字体"选项组中单击"字符间距"按钮,从下拉菜单中选择一种合适的字符间距。

如果要精确地设置字符间距的值,请选择"其他间距"命令,打开"字体"对话框,单击"字符间距"选项卡。在"间距"下拉列表框中选择"加宽"或"紧缩"选项,然后在"度量值"微调框中输入具体的数值,最后单击"确定"按钮,如图 2-8 所示。

3. 设置段落格式

(1)改变段落的对齐方式

将插入点置于段落中,然后选择"开始"选项卡,在"段落"选项组中单击所需的对齐方式按钮,即可改变段落的对齐方式,如图 2-9 所示。

(2)设置段落缩进

将插入点置于要设置缩进的段落中,或者同时选定多个段落,选择"开始"选项卡,在"段落"选项组中单击"对话框启动器"按钮,打开"段落"对话框。在"缩进"组中设置"文本之前"微调框的数值,以设置左缩进;指定"特殊格式"下拉列表框为"首行缩进"或"悬挂缩进",并设置具体的度量值。设置完毕后,单击"确定"按钮,如图 2-10 所示。

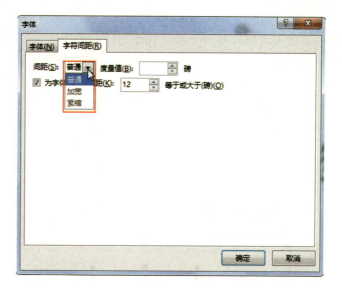

图 2-8

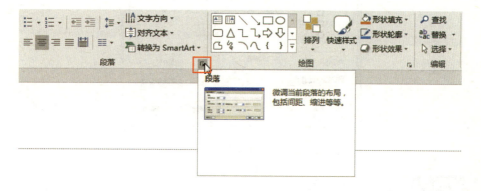

图 2-9

图 2-10

(3)使用项目符号编号列表

更改项目符号时,请选定幻灯片的正义,选择"开始"选项卡,在"段落"选项组中单击"项目符号"按钮右侧的箭头按钮,从下拉列表中选择所需的项目符号。如果预设的项目符号不能满足要求,请选择"项目符号和编号"选项,打开"项目符号和编号"对话框。

在"项目符号和编号"选项卡中单击"自定义"按钮(图 2-11),打开"符号"对话框。在"字体"下拉列表框中选择"Wingdings"字体,然后在下方的列表框中选择符号。单击"确定"按钮,返回"项目符号和编号"对话框。要设置项目符号的大小,可在"大小"微调框中输入百分比。要为项目符号选择一种颜色,可从"颜色"下拉列表框中进行选择,单击"确定",项目符号更改完毕。

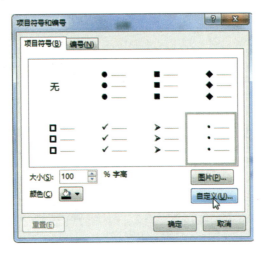

图 2-11

 特殊文本的输入

 任务目标

主要学习如何输入艺术字和字符等内容。

任务描述

通过在素材"青岛欢迎您"演示文稿中插入对应的艺术字,掌握艺术字和字符等的输入方法和技巧。

 任务实施

样张如图 2-12 所示。

模块二　文本的输入和编辑

图 2-12

想一想：

在设计幻灯片的时候，为了统一演示文稿的整体风格，通常会为各个幻灯片中的标题文件设置相同的字体格式，这时若是逐一进行设置会比较麻烦，有没有什么方法可以避免重复操作呢？

①选择"青岛欢迎您"演示文稿中的第1张幻灯片，对其进行修改，改动成样张所示的样子（图2-12）。试一试，如何添加左侧图片样式？（插入图片将在后面的知识点中讲述。）

②选择"插入"选项卡，单击"文本"组中的"艺术字"下面的三角，从打开的下拉菜单中选择第三行第二列艺术字形式，如图2-13至图2-15所示。

图 2-13

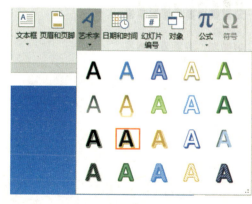

图 2-14

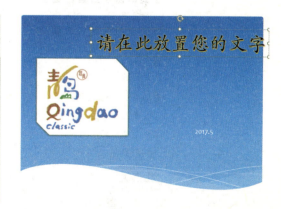

图 2-15

27

③然后在出现的提示框中输入"青岛欢迎您",如图 2-16 所示。

图 2-16

④选中艺术字,单击"绘图工具"下的"格式"选项卡,选择"艺术字样式"组,分别设置文本填充、文本轮廓和文本效果,如图 2-17 至图 2-20 所示。

图 2-17

图 2-18   图 2-19

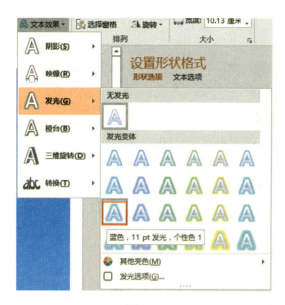

图 2-20

 要点精讲

1. 艺术字的编辑

①插入艺术字：打开需编辑的演示文稿，选中要插入艺术字的幻灯片，选择"插入"选项卡，单击"文本"选项组中的"艺术字"按钮，在弹出的对话框中选择需要的艺术字样式，如图 2-21 所示。

图 2-21

②在弹出的下拉列表中选择艺术字样式，每一个样式都有名字，如选择第三行第三个：渐变填充—蓝色，强调文字 1（当然幻灯片的主题不一样，名字也不一样）。幻灯片中

出现一个艺术字文本框,直接在占位符中输入艺术字内容,根据需要调整位置和大小即可,如图 2-22 所示。

图 2-22

③在"请在此放置您的文字"处录入你所需要的文字,单击"绘图工具"下的"格式"选项卡,选择"形状样式"组可以更改艺术字外边框的格式和填充颜色,选择"艺术字样式"组可以设置艺术字文本填充、文本轮廓和文本效果等,如图 2-23 至图 2-25 所示。

图 2-23

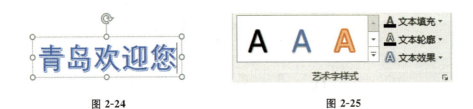

图 2-24　　　　　　　　　　　图 2-25

④编辑艺术字字体大小:在功能区选择"开始"选项卡,可以在"字体"组里根据你的需要设置字体、字号、颜色等。

⑤改变艺术字的位置:首先选中艺术字(注意是整个艺术字在选中状态,而不是艺术字中的文字的编辑状态),鼠标指针指向艺术字外边框处,当指针变成四个箭头时按住鼠标左键不放,拖动鼠标即可改变艺术字位置。

2. 符号的输入

打开需编辑的演示文稿,选中要插入公式的幻灯片,选择"插入"选项卡,单击"符号"选项组中的"符号"按钮,在弹出的对话框中选择需要的特殊符号,如各种数字和字母，如图 2-26 所示。

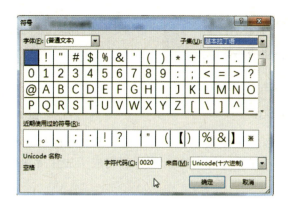

图 2-26

3. 插入批注

①选择需要插入批注的幻灯片，选择"审阅"选项卡，单击"新建批注"按钮，即可新建一条批注，如图 2-27 所示，可以直接在文本框中输入内容，如"非常重要，定期查看"。

图 2-27　　　　　　　　　　　　图 2-28

②删除批注，只需将鼠标移动到幻灯片批注处即可出现"删除批注"的标记，单击鼠标就可以删除了，也可以选择"批注"组中的删除按钮，如图 2-29、图 2-30 所示。

③如需要显示你所添加的批注，单击"显示批注"，可按照"批注窗格"和"显示标志"的方式显示，你可以选择同时显示，也可以选中一种方式显示，如图 2-31 所示。

图 2-29　　　　　　　　　　　　图 2-30

图 2-31　　　　　　　　　　　　　　图 2-32

如果一张幻灯片中包含多个批注，可以通过屏幕右方的批注对话框中上一条、下一条的图标进行逐条查找，如图 2-32 所示。这样就完成了加注批注以及显示批注、查找批注的全过程了。

4. 公式的输入

①新建一个空白演示文稿，选择"插入"选项卡，单击工具栏"符号"中的"公式"下拉按钮，下拉菜单中已经列出一些常用公式，如图 2-33 所示。

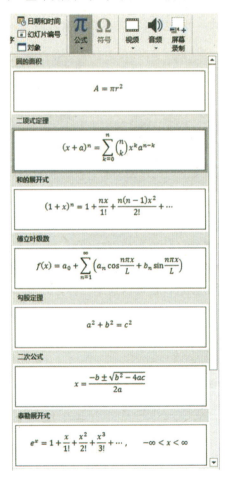

图 2-33

②选中想要的公式,单击即可直接输出公式了。如果公式为选中状态,就会自动切换到"公式工具—设计"选项卡,此时通过工具栏上提供的各种公式工具,即可对公式进行编辑修改,如图 2-34 所示。

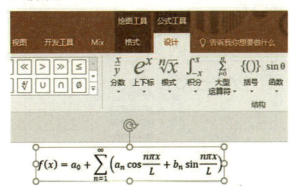

图 2-34

③也可以直接单击"公式",插入一个全新的空白公式框,然后同样是在"公式工具—设计"选项卡中进行公式编辑。输入符号很简单,比如单击"根式",从下拉菜单中选择想要的根式形式,或者常用算式,单击即可输入,如图 2-35 所示。公式的增删等操作,与普通字符相似。

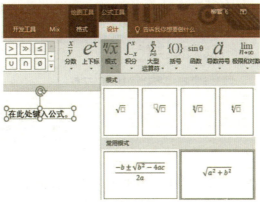

图 2-35

④墨迹公式:在公式下拉菜单的底部,有一个"墨迹公式"的选项,单击它之后,即可启动数学输入控件窗口。可以通过鼠标手写的方式来输入公式。输入完毕,单击"写入"即可,如图 2-36 所示。

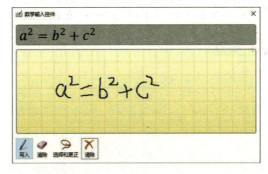

图 2-36

如果手写的输入识别有误，可以点选"选择和更正"，然后再单击识别错误的符号，就会弹出一个选项框，让你选择正确的符号，如图 2-37 所示。

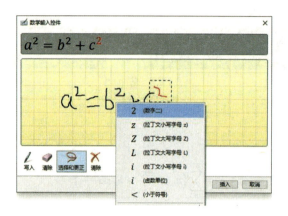

图 2-37

最后还有一个方法，稍微复杂一些。同样选择"插入"选项卡，然后单击工具栏"文本"中的"对象"，在打开的对话框中，对象类型选择"Microsoft 公式 3.0"，如图 2-38 所示。

图 2-38

单击"确定"后即可插入一个对象框，并打开一个公式编辑器窗口。在这个窗口中可以直接用键盘输入字母，需要输入公式，如根号、分号、加减号等时，在工具栏单击相应符号按钮就可以了，如图 2-39 所示。

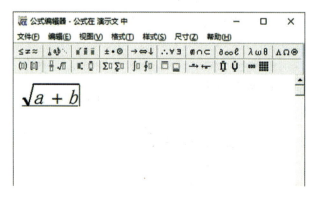

图 2-39

这一方法的好处就是可以控制公式的格式。输入完毕，直接关闭公式编辑器就可以了，这时公式已经显示在幻灯片中，可按需要调整公式的大小。

实训一

实训目的

主要考查学生输入文本以及进行一些文本的基本操作的能力。

实训描述

创建和样张一样的演示文稿。

实训步骤提示

样张如图 2-40、图 2-41 所示。

图 2-40　　　　　　　　　　　　　　图 2-41

①新建一个演示文稿，其中包含两张幻灯片，第 1 张幻灯片采用默认版式，第 2 张幻灯片版式设置为空白。选择第 1 张幻灯片，在标题占位符中单击，输入标题"李白的诗推介会"。单击标题占位符，将鼠标光标移动到占位符四周的边线上，当其变成十字形形状时，拖动鼠标移动标题占位符到幻灯片的合适位置。同样，输入"2017.4.21 学校文体部"。

②选择第 2 张幻灯片，在标题处插入艺术字"行路难—李白"。操作方法：选中要插入艺术字的幻灯片，选择"插入"选项卡，单击"文本"选项组中的"艺术字"按钮，在弹出的对话框中选择需要的艺术字样式。幻灯片中出现一个艺术字文本框，直接在占位符中输入艺术字内容，根据需要调整位置和大小即可。

③选中第 2 张幻灯片，选择"插入"选项，单击"文本框"按钮→"横排文本框或竖排文本框"，选择"竖排文本框"，直接绘制矩形图形，按空格键，在文本框中输入或复制对应的文本。

选中第 2 张幻灯片，选择"插入"选项，单击"图片"按钮，选择图片所在位置，插入图片，然后根据图片格式中的相关属性，进行格式设置。

选中幻灯片，单击右键选择"设置背景格式"，可以设置幻灯片背景。

实训二

实训目的

主要考查学生输入文本以及进行简单的图片处理的能力。

实训描述

做一个学校宣传的演示文稿。

实训步骤提示（略）

样张如图 2-42 至图 2-45 所示。

图 2-42

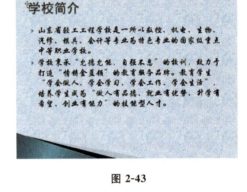

图 2-43

图 2-44

图 2-45

实训三

实训目的

主要考查学生公式的输入情况。

实训描述

输入数学课件中的公式。

实训步骤提示（略）

样张如图 2-46 所示。

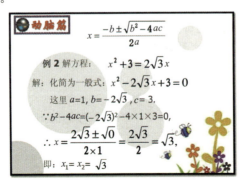

图 2-46

模块三

图形图像的处理

1. 掌握插入图片的方法；
2. 掌握幻灯片中图片以及基本图形的编辑方法。

 对"青岛欢迎您"进行编辑

 任务目标

主要学习在幻灯片中使用适当的方法对图片进行编辑，美化幻灯片。

任务描述

通过在"青岛欢迎您"演示文稿中的第5、6、7张幻灯片中插入对应的图片并进行编辑，掌握图片的编辑方法。

 任务实施

 小知识：

在 PowerPoint 2016 中处理图片注意以下几个方面：
1. 图片不能太小，不然不清楚；
2. 改变图像大小可以拖动四个角上的手柄，图片不要随便拉伸，要等比例缩放；

不然会很难看；
3. 图片不能太亮，不然投影后就没有了细节；
4. 使用的图片应和幻灯片主题相关，不要乱用；
5. 设置好图片外观后可以用格式刷将外观复制给另一张图片；
6. 在 Office 2007 以后的版本中，图片可以通过裁切工具变换成各种形状，不一定是方的。

①选择第 5 张幻灯片，选择"插入"选项中的"图片"，如图 3-1 所示。

图 3-1

②选择一张合适的图片，如图 3-2 所示。

图 3-2

③单击"插入"，图片即可插入幻灯片中，如图 3-3 所示。

图 3-3

④调整图片大小，单击幻灯片中的图片，图片四周出现 8 个圆圈，鼠标放到圆圈上变成双向箭头，按住鼠标拖动即可缩放图片大小，如图 3-4 所示。

图 3-4

⑤选定图片，选择旋转按钮，向右旋转图片 30°，如图 3-5 所示。

⑥编辑图片格式，单击要编辑的图片，选择"格式"选项卡，此时可对图片进行各种设置，如图 3-6 所示。

试一试：

如何设置图片旋转角度？

图 3-5

图 3-6

"更正"图片,选择"锐化:25%",如图 3-7 所示。

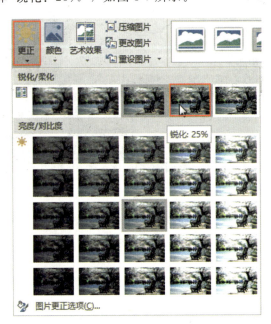

图 3-7

调整色调,选择"色温:8800 K",如图 3-8 所示。

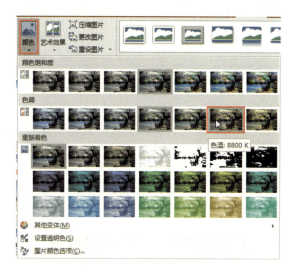

图 3-8

调整图片的"艺术效果",选择"虚化",如图 3-9 所示。

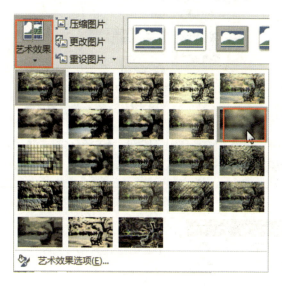

图 3-9

设置图片样式为"棱台透视",如图 3-10 所示。

图 3-10

⑦同样的方法，在第 6、7 张幻灯片中插入合适的图片，图片格式按照喜好设置。

要点精讲

1. 插入图片的方法

使用图片能够让幻灯片更加形象化，它在很多时候比文字更能表达意思，而在幻灯片中插入图片的方法有很多种。

(1)插入电脑中的图片

在幻灯片中插入电脑中保存的图片的操作方法如下：选择"插入"选项卡中的"图片"按钮，在本地电脑中选择一张或多张图片插入，如图 3-11 所示。

图 3-11

(2)插入联机图片

选择"插入"选项卡，单击"联机图片"按钮，输入搜索关键字，如"青岛中山公园"，选中其中的一张或者多张图片，单击"插入"即可，如图 3-12 至图 3-14 所示。

图 3-12

图 3-13

图 3-14

(3) 插入屏幕截图

选择"插入"选项卡，单击"屏幕截图"，如图 3-15 所示。

图 3-15

2. 图片的基本编辑

插入图片后，需要对其位置、大小、颜色、边框等属性进行编辑，编辑图片前先选定图片，选择"格式"选项卡，在其中可以对图片进行一些基本编辑操作，如图 3-16 所示。

图 3-16

(1) 调整图片大小

选择图片后，当鼠标移动到图片四周的控制点上后，变成双向箭头，按住鼠标左键进行拖动可改变图片的大小，此外，还可以通过在"格式"选项卡"大小"区域中的"高度"和"宽度"中直接输入数值来设置图片的大小。

如果只需要显示图片的某一部分，可以使用"裁剪"功能。单击"裁剪"按钮，图片四周出现八个裁剪点，移动鼠标到指定裁剪点，按住鼠标拖动即可对图片进行裁剪，如图 3-17 所示。

图 3-17

（2）移动和旋转图片

将鼠标移动到图片上，鼠标指针会变成四向箭头，按住鼠标左键即可进行拖动，可以把图片放到合适的位置上，如图 3-18 所示。

图 3-18

当把鼠标移动到 ⟳ "旋转"控制点上时，按住鼠标左键拖动即可旋转图片，如图3-19所示。

图 3-19

旋转图片过程，如图 3-20 所示。

图 3-20

（3）改变图片的排列顺序

在"格式"→"排列"中单击"上移一层"或者"下移一层"按钮即可逐层移动图片。单击按钮右侧的小箭头，有更多选项可以选择来调整多张图片之间的排列顺序，如图 3-21、图 3-22 所示。

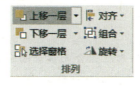 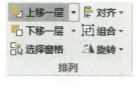

图 3-21　　　　　　　　图 3-22

（4）组合图片

选择需要组合的多张图片，在"格式"→"排列"组中单击组合按钮即可把多个图片组合成一个整体，便于控制。单击"组合"按钮右侧的小箭头可以打开更多选项，有"重新组合"或者"取消组合"。

任务二　个性化形状的设置

任务目标

主要学习插入图形和设置形状的填充效果，并在形状上进行文本输入。

任务描述

利用插入形状制作小房子。

任务实施

绘制房子(图 3-23)。

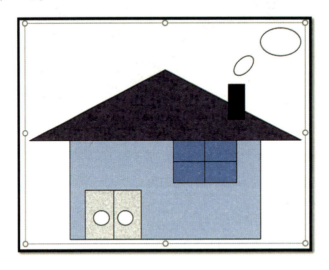

图 3-23

> 很多现实生活中的物体都可以用多种不同的形状组合而成,而"联合""拆分"和"剪除"功能是相对比较常用的功能,可以利用下面的实例试一试。

在绘制 1∶1 图形的时候,可以按住"Shift"键,通过鼠标拖动完成,步骤如下。

①选择"插入"选项卡,单击"插图"组中的"形状"按钮,打开下拉菜单,如图 3-24 所示。

图 3-24

②分别选择插入"矩形""三角形""圆形"到幻灯片中,绘制各种基本图形,如图 3-25 至图 3-28 所示。

③然后用所有的图形拼出房子的结构图,如图 3-29 所示。

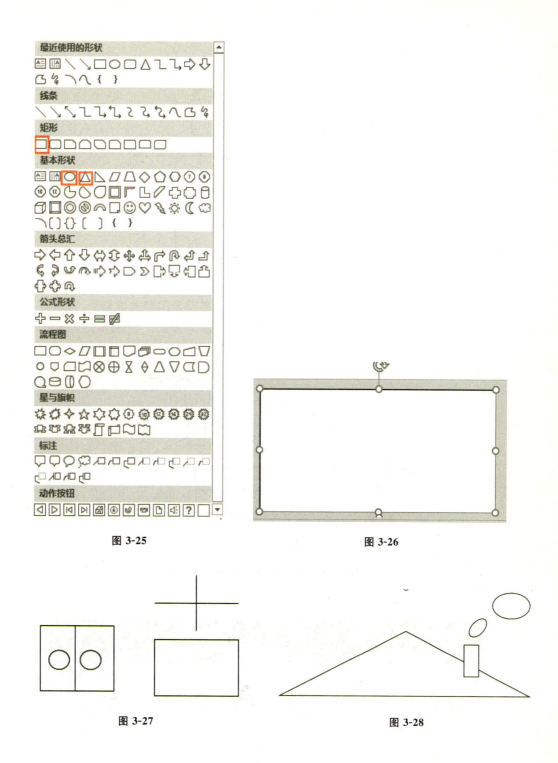

图 3-25　　　　　　　　　　图 3-26

图 3-27　　　　　　　　　　图 3-28

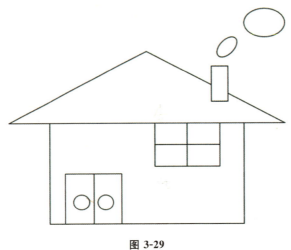

图 3-29

④单击插入的矩形,选择"格式"选项卡,可以在这里设置图形的填充等,如图3-30至图 3-32所示。也可以选择"排列"将矩形设置为"置于底层",如图 3-33 所示。

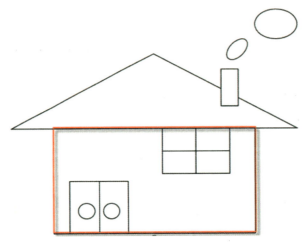

图 3-30

图 3-31

图 3-32　　　　　　　　　图 3-33

⑤选择屋顶的三角形，在"开始"选项卡"绘图"区域中，可以使用"形状填充"来填充屋顶，如图 3-34、图 3-35 所示。

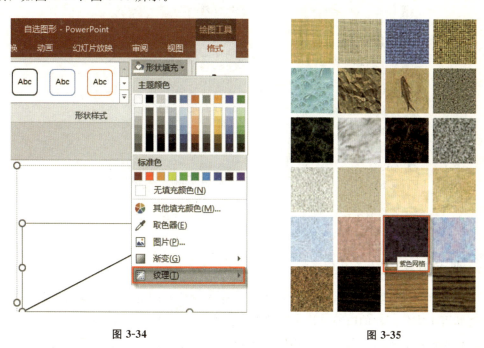

图 3-34　　　　　　　　　图 3-35

⑥选择窗户中的矩形，在"绘图工具"选项卡"格式"组中，可以使用"形状填充"将矩形填充为蓝色，如图 3-36 所示。

⑦使用"形状轮廓"可以设置形状边缘轮廓的颜色，如图 3-37 所示。

图 3-36

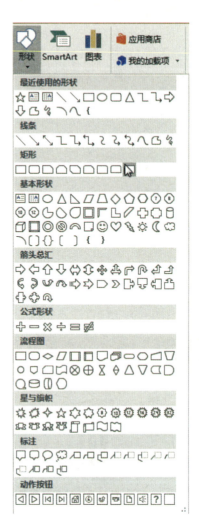

图 3-37

 要点精讲

在幻灯片中常常要使用各种图形化对象，这些对象在幻灯片中被称为形状，使用好这些形状可丰富幻灯片的内容，让本来枯燥的文本生动起来。形状包括一些基本的线条、矩形、基本形状、箭头、公式、流程图、星与旗帜、标注、动作按钮等，还可以对绘制的图形进行编辑操作。

1. 选择并绘制形状

①选择"插入"选项卡，单击"形状"按钮，在打开的下拉菜单中选择一种形状，如图 3-38 所示。

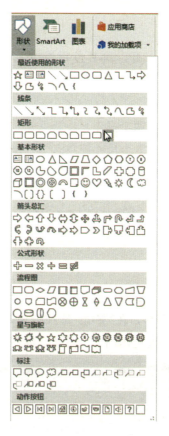

图 3-38

②将鼠标移至幻灯片中，当指针变为十字形状时，按住鼠标左键不放并拖动绘制选择的形状。

③在绘制的图形上，单击鼠标右键会弹出一个菜单，可以选择"编辑文字"，在图形中间出现文本插入点，可在其中输入文本，如图 3-39 所示。

图 3-39

2. 修改和美化形状

绘制形状后，如果不符合要求可以对其进行修改调整。选中绘制的图形后，在"格式"选项卡中可以修改形状的大小、样式等。

（1）修改形状

修改主要包括修改大小和形状两个操作。

①修改大小：拖动图形四周的 8 个尺寸控制点即可调整其大小，也可以在"格式"选项卡"大小"区域直接输入图形的宽度和高度来调整图形的大小，如图 3-40 所示。

图 3-40

②修改形状：选中绘制的图形，在"格式"选项卡中，选择"更改形状"按钮，在弹出的列表框中选择一种图形，可修改当前图形的形状，如图 3-41 所示。

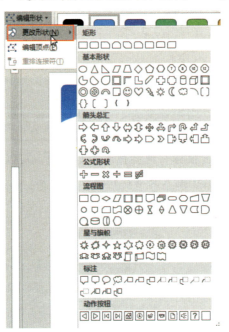

图 3-41

（2）美化图形

美化图形的方式主要有更改形状样式、设置形状填充、设置形状轮廓、设置形状效果 4 种，如图 3-42 所示。

模块三　图形图像的处理

图 3-42

①更改形状样式：选中绘制的图形，选择"格式"选项卡，单击"形状样式"组中的下拉箭头，在弹出的列表中选择一种图形样式，如图 3-43 所示。

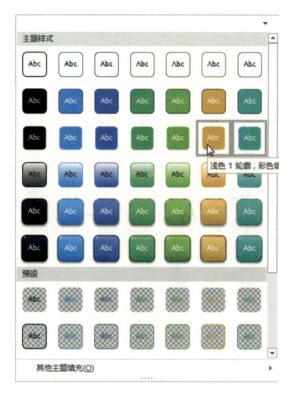

图 3-43

②设置形状填充：选中绘制的图形，选择"格式"选项卡，单击"形状填充"右边的下拉箭头，在弹出的列表中选择一种主题颜色或者效果，可设置为纯色、浅变色、图片、纹理等填充效果，如图 3-44 所示。

③设置形状轮廓：选中绘制的图形，选择"格式"选项卡，单击"形状轮廓"右边的下拉箭头，在弹出的列表中选择形状外边框的显示效果，可设置其颜色、宽度及线型，如图 3-45 所示。

图 3-44　　　　　　　图 3-45

④设置形状效果：选中绘制的图形，选择"格式"选项卡，单击"形状效果"右边的下拉箭头，在弹出的列表中选择形状的外观效果，可设置为阴影、映像、发光、柔化边缘、棱台、三维旋转等效果，如图 3-46 所示。

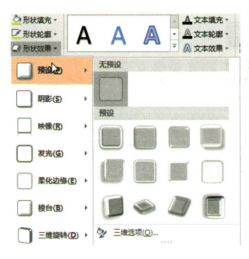

图 3-46

实训四

实训目的

主要考查学生图片处理的能力。

实训描述

制作电子相册——介绍多肉植物。

实训步骤提示

样张如图 3-47 所示。

图 3-47

①在空白演示文稿窗口中，选择"插入"选项卡，在图像功能区依次单击"相册"→"新建相册"命令选项，如图 3-48 所示。

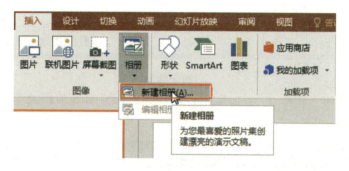

图 3-48

②单击"新建相册"命令后，这个时候会打开"相册"对话窗口。这是我们制作相册的第一步，如图 3-49 所示。

图 3-49

③在"相册"对话框中，单击"插入图片来自"下的"文件/磁盘"按钮。打开"插入新图片"对话框，如图 3-50 所示。

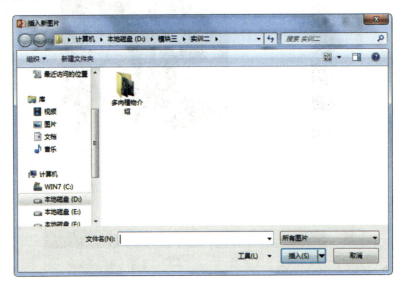

图 3-50

④在打开的"插入新图片"对话框中，打开我们需要插入的图片所在的文件夹，如图 3-51 所示。

图 3-51

⑤在图片文件夹中选择需要制作成相册的图片，然后再单击"插入"按钮，之后会返回到"相册"对话框，如图 3-52 所示。

⑥图片插入好之后，返回到"相册"对话框窗口，根据自己的需要调整图片的顺序，选择相应的图片版式以及主题，然后再单击"创建"按钮。

图 3-52

⑦单击"创建"按钮后,图片被插入演示文稿中,并在第一张幻灯片中会留出相册的标题,如图 3-53 所示。

图 3-53

实训五
实训目的
主要考查学生综合制作演示文稿的能力。
实训描述
制作漂亮的母亲节贺卡。
实训步骤提示
样张、步骤略(素材见文件夹)。

实训六
实训目的
主要考查学生对自选图形的编辑能力。

实训描述

制作一些常用的标记性图形。

实训步骤提示(略)

环保主题样张如图 3-54 至图 3-56 所示。

图 3-54

图 3-55

图 3-56

模块四
幻灯片的放映

1. 掌握幻灯片放映的基本操作；
2. 掌握设置幻灯片放映的基本操作。

任务 放映"青岛欢迎您"

任务目标

主要学习如何放映幻灯片。

任务描述

通过对"青岛欢迎您"幻灯片进行放映，掌握幻灯片的放映方法。

任务实施

 试一试：

在全屏放映幻灯片时，按向右的箭头或是"N"键可以切换到下一张幻灯片，按向左的箭头或是"P"键可以切换到上一张幻灯片。

①选中第1张幻灯片，选择"幻灯片放映"选项卡，如图4-1所示。

图 4-1

②单击"从头开始"按钮,幻灯片从第 1 张开始放映。单击鼠标左键或者空格键或者回车键,幻灯片切换至下一张。

③放映结束,单击鼠标退出。

 要点精讲

1. 放映与设置放映

制作幻灯片的目的是将幻灯片放映出来,让观众能够认识和了解其中展示的内容,本节将详细讲解放映幻灯片的各种方法和主要的设置操作方法。

(1)从头开始放映

从头开始放映幻灯片即从第 1 张幻灯片开始,依次放映每张幻灯片,常用以下 3 种方法进行放映。

①选择第 1 张幻灯片,在状态栏中单击"幻灯片放映"按钮,即可从头开始放映幻灯片,如图 4-2 所示。

图 4-2

②在"幻灯片放映"选项卡中，选择"从头开始"按钮，即可从头开始播放，如图4-3所示。

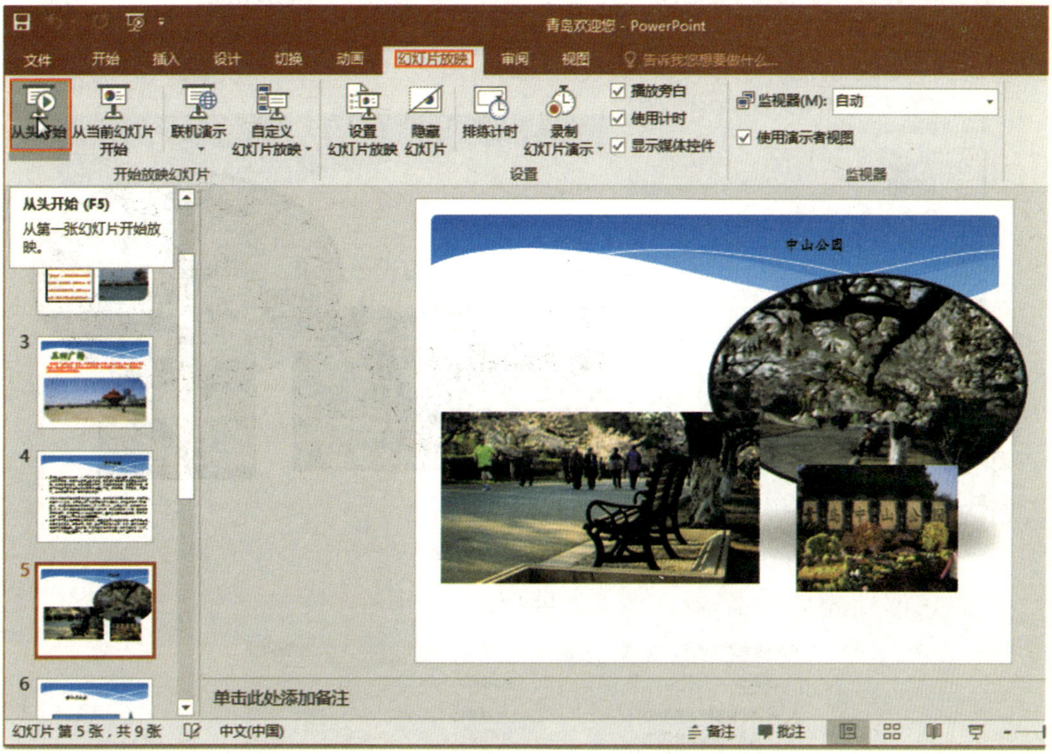

图 4-3

③直接按"F5"键，也可以从开头开始放映幻灯片。

(2)从当前幻灯片开始放映

在某些情况下，需要从幻灯片中的某张幻灯片开始放映，可以通过以下两种方式实现。

①在"大纲/幻灯片"窗格中选择某张幻灯片，在状态栏中单击"幻灯片放映"按钮，即可从此幻灯片开始放映。

②选择某张幻灯片，在"幻灯片放映"选项卡中单击"从当前幻灯片开始"按钮，即从当前幻灯片开始放映，如图4-4所示。

(3)设置放映方式

设置幻灯片放映方式主要包括设置放映类型、放映幻灯片的数量、换片方式和是否循环播放演示文稿等。在"幻灯片放映"选项卡"设置"组中单击"设置幻灯片放映"按钮，在打开的"设置放映方式"对话框中进行设置，如图4-5所示。

图 4-4

图 4-5

2．设置放映类型

（1）演讲者放映

此选项是默认的放映方式。在这种放映方式下，幻灯片全屏放映，放映者有完全的控制权。例如，可以控制放映停留的时间、暂停演示文稿放映，可以选择自动方式或者人工方式放映等。

（2）观众自行放映

在这种放映方式下，幻灯片从窗口放映，并提供滚动条和"浏览"菜单，由观众选择要看的幻灯片。在放映时可以使用工具栏或菜单移动、复制、编辑、打印幻灯片。

(3)在展台放映

在这种放映方式下,幻灯片全屏放映。每次放映完毕后,自动反复,循环放映。除了鼠标指针外,其余菜单和工具栏的功能全部失效,终止放映要按"Esc"键。观众无法对放映进行干预,也无法修改演示文稿。适合于无人管理的展台放映。

3. 设置放映幻灯片的数量

在"幻灯片"框中,可以选择待放映的幻灯片。有全部、部分和自定义放映三种选择。部分放映时,选择开始和结束的幻灯片的编号,即可完成放映已经选择的幻灯片。

自定义放映,需要先在"幻灯片放映"→"自定义放映"选项中,选择演示文稿中的某些幻灯片,以某种顺序组成新的演示文稿,以一个自定义放映名命名。然后在"自定义放映"框中选择自定义的演示文稿。单击"确定",此时只放映选定的自定义的演示义稿。

4. 设置切换方式

在"换片方式"框中可以选择是人工手动换片,还是按设定的排练时间换片。

(1)隐藏/显示幻灯片

选择需要隐藏的幻灯片,选择"幻灯片放映"选项卡,单击"设置"选项组中的"隐藏幻灯片"按钮即可隐藏该幻灯片,如图 4-6 所示。被隐藏的幻灯片在其编号的四周出现一个边框,边框中还有一个斜对角线,表示该幻灯片已经被隐藏,当用户在播放演示文稿时,会自动跳过该张幻灯片而播放下一张幻灯片。

图 4-6

(2)录制旁白

打开需要加入旁白的幻灯片,在幻灯片放映的设置选项中找到"录制幻灯片演示",打开录制幻灯片演示之后就会看到"从头开始录制"和"从当前幻灯片开始录制",如图 4-7 所示。选择后会出现如图 4-7 所示的对话框。

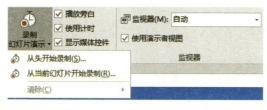

图 4-7

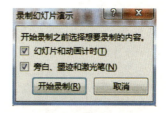

图 4-8

(3）排练计时

选择"幻灯片放映"选项卡，单击"设置"选项组中的"排练计时"按钮，将会自动进入放映排练状态，其左上角将显示"录制"工具栏，显示预演时间，如图4-9、图4-10所示。

图 4-9

图 4-10

在放映屏幕中单击鼠标，可以排练下一个动画效果或下一张幻灯片出现的时间，鼠标停留的时间就是下一张幻灯片显示的时间。排练结束后将显示提示对话框，询问是否保留排练的时间。单击"是"按钮确认后，此时会在幻灯片浏览视图中每张幻灯片的左下角显示该幻灯片的放映时间。

模块五

自定义动画的使用

掌握自定义动画的添加方法。

任务 制作实例中的简单动画

主要通过制作 2 个简单动画，了解动画的制作方法。

 任务描述

①制作简单的星星闪烁动画。
②制作简单的小轿车爬坡动画。

 任务实施

 小知识：

　　在幻灯片中可以给文本、图片、表格等添加动画效果，还可以添加自定义动画效果，使其具有动态效果，增加展示的吸引力。
　　PowerPoint 2016 中的动画主要有进入、强调、退出和路径引导几种类型，用户可利用"动画"选项卡来添加和设置这些动画效果。

"进入"动画：是 PowerPoint 2016 中应用最多的动画类型，是指放映某张幻灯片时，幻灯片中的文本、图像和图形等对象进入放映画面时的动画效果。

"强调"动画：是指在放映幻灯片时，为已显示在幻灯片中的对象设置的动画效果，目的是为了强调幻灯片中的某些重要对象。

"退出"动画：是指在幻灯片放映过程中，为了使指定对象离开幻灯片而设置的动画效果，它是进入动画的逆过程。

"动作路径"动画：不同于上述三种动画效果，它可以使幻灯片中的对象沿着系统自带的或用户自己绘制的路径进行运动。

1. 星星闪烁动画操作步骤

样张如图 5-1 所示。

图 5-1

①打开素材中的"星星闪烁"演示文稿，选中演示文稿中的任意一个"星星"，选择"动画"选项卡中强调动画效果的"彩色脉冲"效果，如图 5-2 所示。

图 5-2

②然后选中该星星，打开"高级动画"组中的"动画窗格"窗口，在"动画窗格"中单击对应的对象，选择"效果选项"，如图 5-3 所示，会出现下图所示的对话框，如图 5-4 所示。

③在出现的彩色脉冲对话框中设置颜色等效果。

④用同样的方法对其他的星星设置脉冲、彩色脉冲、淡出等效果形成闪烁效果。

图 5-3

图 5-4

2. 小轿车爬坡动画操作步骤

样张如图 5-5 所示。

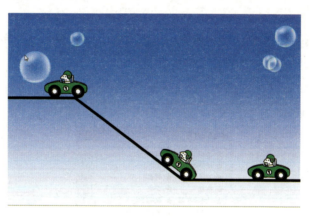

图 5-5

①打开模块五"任务一"文件夹中的"小轿车爬坡"演示文稿。

②分析动画：打开演示文稿后能看到 3 辆小轿车，在这个动画中，我们需要分解每辆小轿车的动画，将连贯的动画分解开。

③添加向左的路径动画，具体方法：选中幻灯片中右边第一辆绿色小轿车，添加"动作路径"动画中的"其他动作路径"，选择"直线和曲线"中的"向左"路径即可，如图 5-6、图 5-7 所示。

图 5-6

图 5-7

也可以选择如图 5-8 所示的"直线"动作路径，设置效果选项为"向左"。

图 5-8

④再次选中第一辆绿色小轿车，单击"高级动画"组中的"添加动画"按钮，添加"消失"动画，如图 5-9 所示。

图 5-9

⑤选中第二辆绿色小轿车，设置"出现"动画。

⑥按照前面的方法设置第二辆小轿车的路径动画和第三辆小轿车的动画，连贯起来就是一个完整的爬坡动画。

⑦动画窗格设置如图 5-10 所示，可在动画窗格设置动画播放的时间顺序。

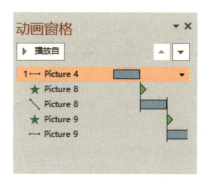

图 5-10

 要点精讲

1. 动画的添加方法

PowerPoint 2016 为我们提供了多种预设的动画效果，用户可以根据需要对幻灯片中的对象添加不同的动画效果。另外，也可以为一个对象设置单个动画效果或者多个动画效果，还可以为一张幻灯片中的多个对象设置统一的动画效果。

（1）添加单个动画

在幻灯片中选择一个对象后就可以给该对象添加一种动画效果，可设置为进入、强调、退出和动作路径中的任意一种动画效果。具体操作方法有如下三种：

①在"动画"选项卡"动画"组中选择动画，如图 5-11 所示。

图 5-11

②在"动画"选项卡"动画"组右侧选择下拉箭头，弹出动画选择列表，如图 5-12、图 5-13 所示。

图 5-12

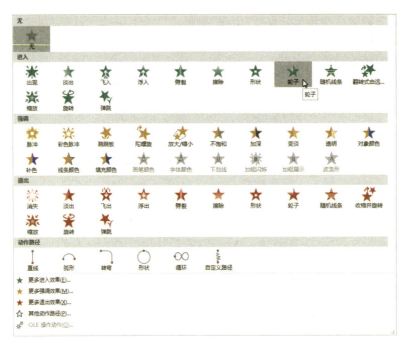

图 5-13

③单击"动画"选项卡"高级动画"组中的"添加动画"按钮,如图 5-14 所示。(注意:只添加一个动画的话只需要单击添加一次,多次添加会添加多个动画,后面会讲到。)

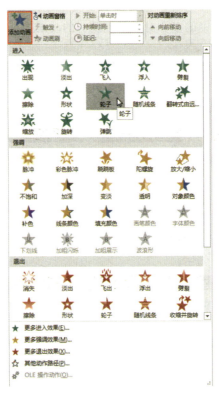

图 5-14

添加完动画后,幻灯片一般会自动播放动画效果,以确认动画效果是否满意,如果不满意可以继续选择添加。也可以单击"动画"选项卡中的"预览"按钮进行多次预览,如图 5-15 所示。

图 5-15

(2)添加多个动画

在幻灯片中不仅可以为对象添加单个动画效果,还可以为对象设置多个动画效果,其方法是在设置单个动画后,在"高级动画"组中单击"添加动画"按钮,打开动画列表框,在其中选择一种动画,这样为对象添加一种动画效果,如图 5-16 所示。

图 5-16

添加了多个动画后,幻灯片中该对象的左上角也将显示对应的多个数字序号,如图 5-17 所示。

图 5-17

为对象添加动画之后，在"高级动画"组中单击"动画窗格"按钮，打开"动画窗格"，其中显示了添加的动画效果列表，其中的选项以添加的先后顺序排列，并用数字进行了标识，如图 5-18 所示。

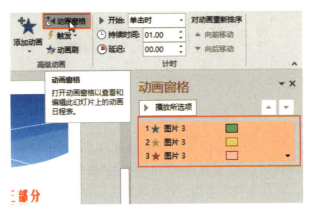

图 5-18

2．设置动画效果

给幻灯片中的文本或者对象添加了动画效果后，还可以对其进行其他效果的设置，如动画的方向、图案、形状、开始方式、播放速度、声音等。

(1)设置效果选项

为对象添加动画效果后，我们还可以设置效果选项。不同的动画效果，其选项也不相同，如图 5-19、图 5-20 所示。

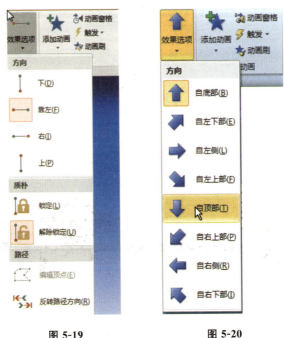

图 5-19　　　　图 5-20

(2)设置开始方式

还可利用"计时"组设置动画的开始播放方式、持续时间和延迟时间等，如图 5-21、图 5-22 所示。

图 5-21　　　　　　　　　　　图 5-22

(3)利用"高级动画"组设置

利用"高级动画"组中的选项可以添加动画、打开动画窗格、设置动画的触发方式和复制动画等。

单击"添加动画"按钮也可为所选对象添加动画效果。与利用"动画"列表添加动画效果不同的是，利用"添加动画"列表可以为同一对象添加多个动画效果；而利用"动画"组只能为同一对象添加一个动画效果，后添加的效果将替换前面添加的效果，如图 5-23 所示。

图 5-23

(4)使用动画窗格来设置动画效果

我们还可利用动画窗格管理已添加的动画效果，如选择、删除动画效果，调整动画效果的播放顺序，以及对动画效果进行更多设置等。

单击"高级动画"组中"动画窗格"按钮，在窗口右侧打开动画窗格，可看到为当前幻灯片添加的所有动画效果都将显示在该窗格中，将鼠标指针移至某个动画效果上方，将显示动画的开始播放方式、动画效果类型和添加动画的对象，如图 5-24 所示。

图 5-24

当需要重新设置动画效果选项、开始方式和持续时间，以及调整效果的播放顺序和复制、删除效果等时，都需要先选中相应的效果。在动画窗格单击某个动画效果可将其选中，若配合"Ctrl"和"Shift"键还可同时选中多个效果。

若希望对动画效果进行更多设置，可单击要设置的效果，再单击右侧的三角按钮，从弹出的列表中选择"效果选项"，然后在打开的对话框中进行设置并确定即可。不同动画效果的设置项也不相同。

如果要设置动画的开始时间、延迟时间、速度、重复次数等，同样可以如此设置，如图 5-25、图 5-26 所示。

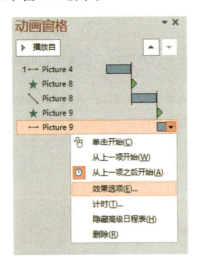
图 5-25

图 5-26

各幻灯片中的动画效果都是按照添加时的顺序进行播放的，用户可根据需要调整动画的播放顺序，只需在"动画窗格"中选中要调整顺序的动画效果，然后单击"上移"或"下移"按钮即可，如图 5-27、图 5-28 所示。

图 5-27

图 5-28

3. 设置幻灯片切换效果

幻灯片的切换效果是指放映幻灯片时从一张幻灯片过渡到下一张幻灯片时的动画效果。默认情况下，各幻灯片之间的切换是没有任何效果的。我们可以通过设置，为每张幻灯片添加具有动感的切换效果以丰富其放映过程，还可以控制每张幻灯片切换的速度，以及添加切换声音等。

(1)添加切换效果

选择需要添加切换动画的幻灯片，选择"切换"选项卡中的"切换到此幻灯片"列表框右侧的其他按钮，在打开的列表框中选择一种切换动画样式。如果要将所有的幻灯片运用相同的切换效果，在选择切换效果后，单击"计时"中的"全部应用"按钮即可，如图 5-29 所示。

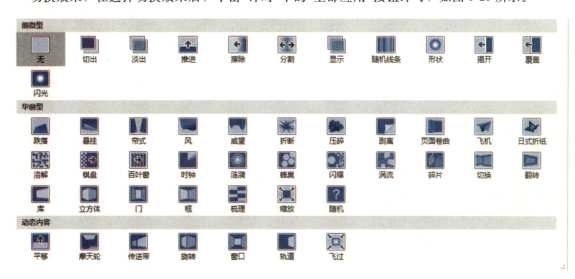

图 5-29

(2)设置切换效果

为幻灯片添加切换效果后，还可对所选的切换效果进行相应调整，主要包括设置切换效果选项、设置切换动画声音、设置切换速度、设置换片方式，以增加幻灯片切换之间的灵活性，如图 5-30、图 5-31 所示。

利用"计时"组中的选项可为幻灯片的切换设置声音，以及设置效果的持续时间和换片方式等。设置完成后，若希望将设置的效果应用于全部幻灯片，可单击"全部应用"按钮，否则所设效果将只应用于当前幻灯片，还需要继续对其他幻灯片的切换效果进行设置。

"单击鼠标时"表示放映演示文稿时通过单击来切换幻灯片，"设置自动换片时间"表示在设置的时间后自动切换幻灯片。也可同时选中这两个复选框，如图 5-32 所示。

图 5-30

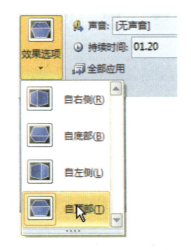

图 5-31　　　　　　　　　　　　图 5-32

实训七

实训目的

主要考查学生线性动画制作方法和技巧的掌握情况。

实训描述

制作简单线条动画。

实训步骤提示

①利用形状工具绘制如下线条，如图 5-33、图 5-34 所示。

图 5-33   图 5-34

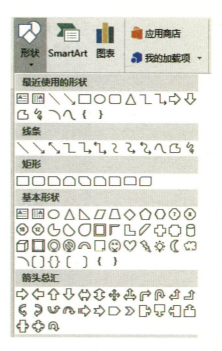

②为每一个线条添加擦除动画，如图 5-35、图 5-36 所示。

图 5-35   图 5-36

③调整擦除动画的属性。

④设置动画为自动播放，设置播放顺序为"从上一项之后开始"，如图 5-37 所示。

⑤最后调整动画的效果选项，将速度设置为"非常快(0.5 秒)"选项，在效果中还可以设置背景音乐，如图 5-38、图 5-39 所示。

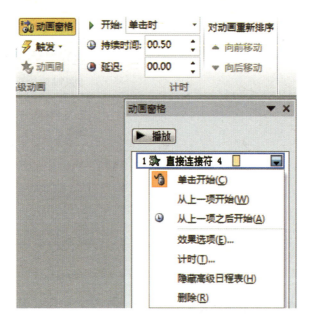

图 5-37

图 5-38　　　　　　　　　　　　　　图 5-39

实训八

实训目的

考查学生制作动画的综合能力。

实训描述

制作卷轴动画。

实训步骤提示（略）

样张如图 5-40、图 5-41 所示。

图 5-40

图 5-41

模块六

插入表格和图表

1. 掌握在幻灯片中插入表格和图表的方法；
2. 掌握表格和图表的编辑方法。

 插入与设置表格

任务目标

主要学习在幻灯片中插入和编辑表格。

任务描述

对素材中的演示文稿进行完善，插入并编辑学校招生计划表。

任务实施

打开模块六任务一文件夹中的素材文件——山东省轻工工程学校招生，在第 5 张幻灯片中插入招生计划表，样张如图 6-1、图 6-2 所示。

图 6-1

图 6-2

① 选择第 5 张幻灯片,创建 13 行 6 列的表格,在当前的主题下,表格如图 6-3 所示,并按照样张内容进行合并,如图 6-4 所示。

 小知识:

调整表格的高度和宽度,不仅可以通过调整单元格大小来实现,还可以通过调整表格的整体大小来实现,在"表格尺寸"组中直接调整表格的整体宽度和高度即可,如图 6-5 所示。

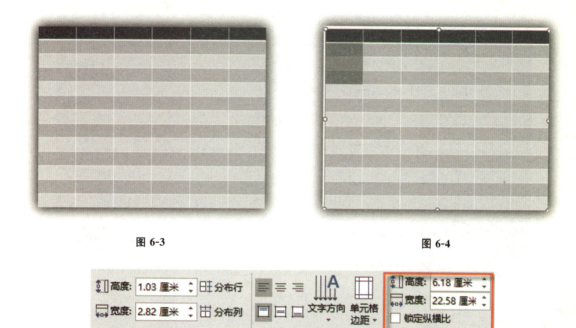

图 6-3　　　　　　　　　　　　　　图 6-4

图 6-5

②选择要合并的单元格,按照图示,选择"表格工具"→"布局"选项"合并"组中的"合并单元格",即可得到合并后的表格,如图 6-6 至图 6-8 所示。

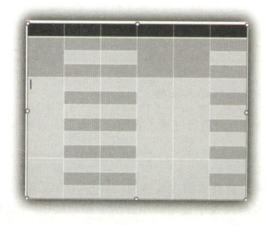

图 6-6

图 6-7

图 6-8

③合并单元格后,按照样张输入表格内容,并选择"表格工具"→"设计"选项卡中的"表格样式"组,进行表格样式的更改,如图 6-9 所示。

图 6-9

试一试:

如何为整个表格添加图片背景?

要点精讲

1. PowerPoint 2016 中怎样插入表格

在 PowerPoint 2016 中,可以通过插入表格、手动绘制表格和插入 Excel 电子表格三种方式来创建表格。

(1)插入表格

①使用网格插入表格:选择要插入表格的幻灯片,然后单击"插入"选项卡上"表格"组中"表格"按钮,在展开的列表中显示的小方格中移动鼠标,当列表左上角显示出所需

的行、列数后单击鼠标，即可在幻灯片中插入一个普通不带主题格式的表格。该方法最大能创建 8 行 10 列的表格，其中小方格代表创建的表格的行、列数。如图 6-10 所示。

②使用"插入表格"对话框插入表格：选择要插入表格的幻灯片，然后单击"插入"选项卡，再单击"表格"组中的"表格"按钮，在展开的列表中选择"插入表格"选项，或单击内容占位符中的"插入表格"图标，打开"插入表格"对话框，设置列数和行数，单击"确定"按钮，然后在表格中输入文本即可，如图 6-11 所示。

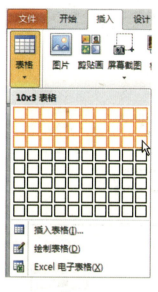

图 6-10

图 6-11

（2）手动绘制表格

选择需要插入表格的幻灯片，选择"插入"选项卡，单击"表格"组中的"表格"按钮，在打开的"插入表格"列表中选择"绘制表格"选项。鼠标指针变成铅笔状，在幻灯片中按住鼠标左键并拖动，绘制表格的外边框，在显示出来的"表格工具"→"设计"中单击"绘制表格"按钮，鼠标指针再次变为铅笔状，移动鼠标指针到表格当中，按住鼠标左键并拖动，绘制单元格的边框线，如图 6-12、图 6-13 所示。

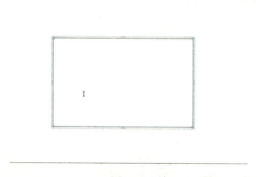

图 6-12

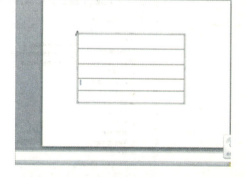

图 6-13

(3)插入 Excel 电子表格

在 PowerPoint 2016 中，选择"插入"选项卡"文本"组中的"对象"命令，显示"插入对象"对话框，选择"由文件创建"选项，单击"浏览"按钮，定位到 Excel 文件所在的文件夹，选中 Excel 文件后，单击"确定"，再单击"确定"即可将 Excel 文件插入幻灯片，如图 6-14 至图 6-17 所示。（以插入 E 盘目录下的 Excel 文件为例。）

图 6-14

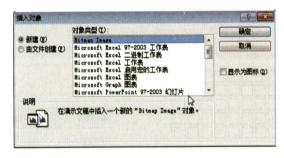

图 6-15

图 6-16

图 6-17

2. 编辑表格

(1)在表格中输入文本

在表格中输入文本的方法非常简单,创建表格后,将鼠标光标定位到需输入文本的单元格中即可输入所需的文本。设置表格中文本格式的方法与在幻灯片中设置文本的方法相同。

(2)选择单元格

要对表格进行编辑,首先需要选择对应的单元格,下面介绍单元格的选择方法。

①选择单个单元格。

将鼠标光标移动到表格中单元格的左端线上,当鼠标光标变为"↗"形状时,单击鼠标即可。

②选择整行或整列。

将鼠标指针移到表格边框左侧的行标上,或表格边框上方的列标上,当鼠标指针变成向右或向下的黑色箭头形状时,单击鼠标即可选择中该行或该列。若向相应的方向拖动,则可选择多行或多列。

③选择连续的单元格区域。

将鼠标指针移到要选择的单元格区域左上角,拖动鼠标到要选择区域的右下角,即可选择左上角到右下角之间的单元格区域。

④选择整个表格。

将插入符置于表格的任意单元格中,然后按"Ctrl+A"组合键即可选中整个表格。

(3)插入或删除行和列

如果插入的表格的行、列数不够用,可以直接在需要插入内容的行或列的位置增加行或列。

①插入行和列。

选中要插入行或列的单元格,然后单击"表格工具"→"布局"选项卡上"行和列"组中的相应按钮即可。

②删除行和列。

选中要删除的行或列,单击右键,在出现的列表框中选择删除行或列,也可以删除整个表格,如图6-18所示。

图6-18

(4)合并拆分单元格

要将表格中的相关单元格进行合并操作,可拖动鼠标选中表格中要进行合并操作的单元格，然后选择"表格工具"→"布局"选项卡，单击"合并"组中的"合并单元格"按钮。拆分单元格的方法类似，如图 6-19 所示。

图 6-19

(5) 调整行高、列宽

在创建表格时，表格的行高和列宽都是默认值，由于在各单元格中输入的内容不同，所以在大多数情况下都需要对表格的行高和列宽进行调整，使其符合要求。调整方法有两种，一是使用鼠标拖动，二是通过"单元格大小"组精确调整。

① 使用鼠标拖动：将鼠标指针移到要调整行的下边框线上或到要调整列的列边框线上，此时鼠标指针变成上下或左右双向箭头的形状，按住鼠标左键上下或左右拖动，到合适位置后释放鼠标，即可调整该行行高或该列列宽，如图 6-20 所示。

图 6-20

② 精确调整行高或列宽：选中行或列后，在"表格工具"→"布局"选项卡上"单元格大小"组中的"高度"或"宽度"编辑框中输入数值即可，如图 6-21 所示。

图 6-21

要调整整个表格的大小，可选中表格后将鼠标指针移到表格四周的控制点上（共有 8 个），待鼠标指针变成双向箭头形状时按住鼠标左键并拖动即可，或直接在"表格工具"→"布局"选项卡上"表格尺寸"组的"高度"和"宽度"编辑框中输入数值，如图 6-22 所示。

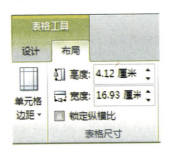

图 6-22

表格是作为一个整体插入幻灯片中的，其外部有虚线框和一些控制点。拖动这些控制点可调整表格的大小，如同调整图片、形状和艺术字一样。

(6)移动表格

若要移动表格在幻灯片中的位置，可将鼠标指针移到除表格控制点外的边框线上，待鼠标指针变成十字箭头形状后，按住鼠标左键并拖到合适位置即可，如图6-23所示。

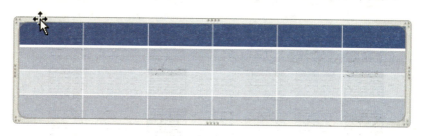

图 6-23

(7)设置表格内文本的对齐方式

要设置表格内文本的对齐方式，可选中要调整的单元格后，单击"表格工具"→"布局"选项卡上"对齐方式"组中的相应按钮即可，如图6-24所示。

图 6-24

3. 美化表格

(1)设置表格样式

对表格进行编辑操作后，还可以对其进行美化操作，如设置表格样式，为表格添加边框和底纹等。要对表格套用系统内置的样式，可将插入符置于表格的任意单元格，然后选择"表格工具"→"设计"选项卡，单击"表格样式"组中的"其他"按钮，在展开的列表中选择一种样式即可，如图6-25、图6-26所示。

图 6-25

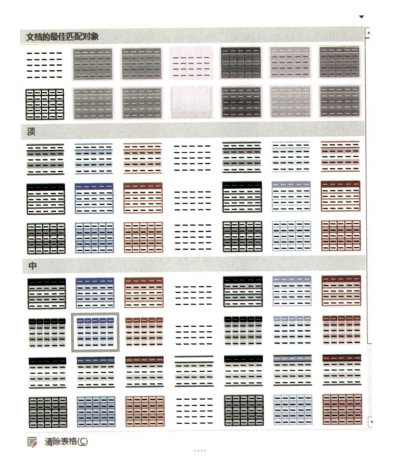

图 6-26

(2) 设置表格边框

要为表格或单元格添加自定义的边框,可选中表格或单元格,然后在"表格工具"→"设计"选项卡上"绘制边框"组中设置边框的线型、粗细、颜色,再单击"表格样式"组中的"边框"按钮右侧的三角按钮,在展开的列表中选择一种边框类型,如图 6-27、图 6-28 所示。

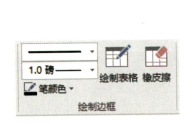

图 6-27

图 6-28

（3）设置表格底纹

要为表格或单元格添加底纹，可选中表格或单元格后单击"表格样式"组中的"底纹"按钮右侧的三角按钮，在展开的列表中选择一种底纹颜色即可，如图 6-29 所示。

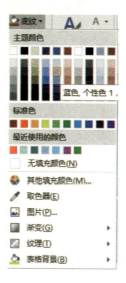

图 6-29

任务二　创建并美化图表

 **任务目标**

主要学习如何创建图表并进行美化的图表。

 任务描述

根据提示制作简单的图表，并进行简单的图表编辑。

 任务实施

①插入图表。选择"插入"选项卡，单击"图表"，如图 6-30 所示。

图 6-30

②在弹出的"插入图表"对话框中,在左侧选择"柱形图",然后右侧选择"簇状柱形图",单击"确定"按钮,如图 6-31 所示。

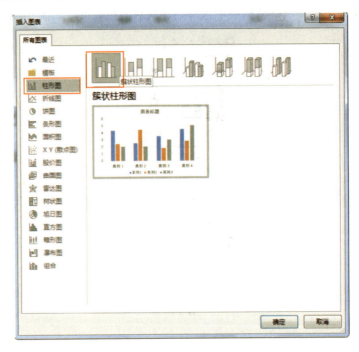

图 6-31

③在返回的幻灯片中即可看到插入的三围簇状柱形图图表,并自动打开 Excel 电子表格,用于图表中的数据编辑。在 Excel 表格中录入图表数据,幻灯片中的柱形图会随着数据的变化而实时改变,如图 6-32 所示。

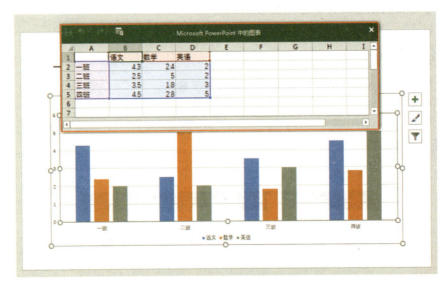

图 6-32

④修改完毕后,关闭 Excel 表格并修改幻灯片和图表的标题,即在幻灯片中成功插入了一个图表,如图 6-33 所示。

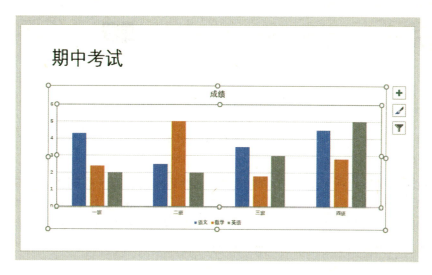

图 6-33

⑤快速布局。单击幻灯片中插入的图表,选择"图表工具"→"设计"选项卡,单击"快速布局",在弹出的下拉框中选择"布局 5"。修改纵轴坐标"坐标轴标题"为"分数",如图 6-34、图 6-35 所示。

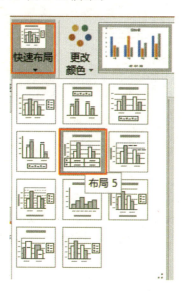

图 6-34

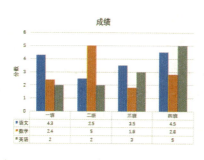

图 6-35

要点精讲

在幻灯片中插入图表后,我们可以利用"图表工具"选项卡的"设计"和"格式"两个子选项对图表进行编辑和美化操作，如编辑图表数据、更改图表类型、调整图表布局、对图表各组成元素进行格式设置等，如图 6-36 所示。

图 6-36

1. 创建并编辑图表

要对图表进行编辑操作，如编辑表格数据、更改图表类型、快速调整图表布局等，可在"图表工具"→"设计"选项卡中进行。

要更改图表类型，可单击图表以将其激活，然后将鼠标指针移到图表的空白处，显示"图表区"提示时单击以选中整个图表，选择"图表工具"→"设计"选项卡，单击"类型"组中的"更改图表类型"按钮，然后在打开的"更改图表类型"对话框中选择一种图表类型即可。也可在图表空白处单击鼠标右键，如图 6-37 所示。

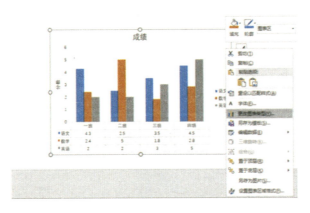

图 6-37

要对图表数据进行编辑，可选中图表后单击"图表工具"→"设计"选项卡上"数据"组中的"编辑数据"按钮，此时将启动 Excel 2016 并打开图表的源数据表，可对数据表中的数据进行编辑修改。操作完毕，关闭数据表回到幻灯片中，可看到编辑数据后的图表效果，如图 6-38 所示。

图 6-38

要快速调整图表的布局,可选中图表后单击"图表工具"→"设计"选项卡上"图表布局"组中的"快速布局"按钮,在展开的列表中重新选择一种布局样式。

2. 美化图表

我们还可以利用"图表工具"→"格式"选项卡对图表进行美化操作,如设置图表区、绘图区、图表背景、坐标轴的格式等,从而美化图表。这些设置主要是通过"图表工具"→"格式"选项卡来完成的。

设置图表区格式:单击图表将其激活,然后单击"图表工具"→"格式"选项卡上"当前所选内容"组中的"图表元素"下拉列表框右侧的三角按钮,在展开的列表中选择要设置的图表对象"图表区",然后单击"形状样式"组中的"形状填充"按钮右侧的三角按钮,在展开的列表中选择一种填充类型,如图 6-39、图 6-40 所示。

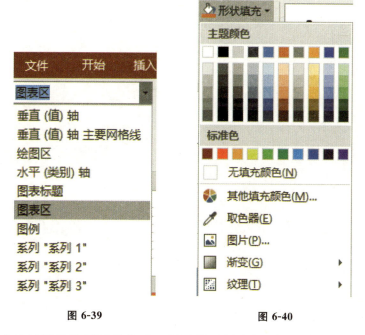

图 6-39　　　　　　　　　图 6-40

用同样的方法可设置绘图区的格式,以及设置图表标题、图例和坐标轴标题的填充颜色。

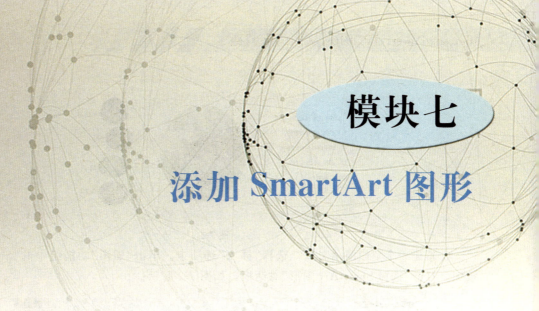

模块七
添加 SmartArt 图形

1. 掌握幻灯片中插入 SmartArt 图形的方法；
2. 掌握 SmartArt 图形的美化方法。

任务  插入 SmartArt 图形

 任务目标

学习插入 SmartArt 图形以及掌握编辑办法。

任务描述

制作课件中用到的简单 SmartArt 图形。

 任务实施

按照样张制作幻灯片，样张如图 7-1 所示。

图 7-1

①新建一个空白演示文稿,选择"插入"选项卡。单击"插图"功能组中的"SmartArt"按钮,打开"选择 SmartArt 图形"对话框,如图 7-2 所示。

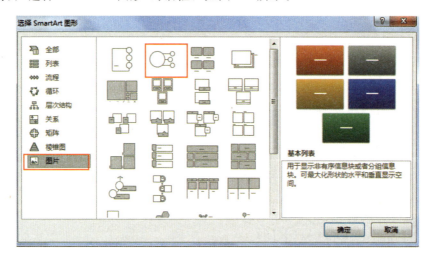

图 7-2

②在打开的对话框中,在左侧列表中选择"图片"选项,在中间图形的文本区域双击后会显示如下内容,如图 7-3 所示。

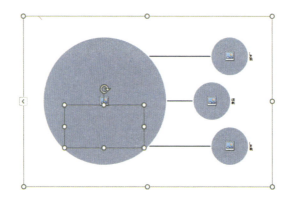

图 7-3

③选择"SmartArt 工具"→"设计"选项卡，单击"创建图形"组中"添加形状"右侧的三角，打开下拉菜单，选择"在后面添加形状"，即可增加一个形状分支，如图 7-4 至图 7-6 所示。

图 7-4

图 7-5　　　　　　　　　　　图 7-6

④在图中标记位置分别单击图片缩略图，即可更改图片，单击浏览按钮，根据图片所在位置选择图片，如图 7-7 至图 7-9 所示。

图 7-7

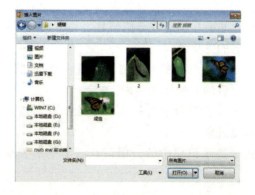

图 7-8

图 7-9

 小知识：

为了方便独立的调整 SmartArt 图形中的各个形状，可以将 SmartArt 图形转换为形状，具体操作方法如下：

选择 SmartArt 图形，在"SmartArt 工具 设计"选项卡"重置"组中单击"转换"按钮，选择"转换为形状"即可。

⑤在编辑区的文本处，双击鼠标，即可输入文本内容，然后根据前面学过的知识点更改文本的格式和调整图片位置。

 要点精讲

1. 认识 SmartArt 图形

(1) 认识图示

图示即用图形来表示、说明对象，如说明对象的流程，显示非有序信息块或分组信息块，说明各个组成部分之间的关系等。

(2) SmartArt 图形的类型

SmartArt 图形是信息和观点的视觉表示形式。SmartArt 图形有多种类型，如"列表""流程""循环""层次结构""关系"等。而且每种类型包含几个不同的布局。

①列表：主要用于显示非有序信息或分组信息，通常可通过编号 1，2，3，…的形式来表示，主要用于强调信息的重要性。

②流程：主要用于显示一个作业的整个过程，或一个项目需要经过的主要步骤，通常可用箭头进行连接，从项目的开始指向结束。

③循环：主要用于表示一个项目中可持续操作的部分，或表示阶段、事件、任务的连续性，主要用于强调重复过程。

④层次结构：主要用于显示组织中的分层信息或上下级关系，或显示组织中的报告关系等。

⑤关系：主要用于显示两种对立或对比观点，或比较和显示两个观点之间的关系，以及显示观点与中心观点的关系等。

⑥矩阵：用于以象限的方式显示部分与整体的关系。

⑦棱锥图：用于显示比例关系、互联关系或层次关系，最大的部分通常置于底部，向上渐窄。

2. 插入 SmartArt 图形

选择需要插入 SmartArt 图形的幻灯片，选择"插入"选项卡，单击"插图"组中的"SmartArt"按钮，打开"选择 SmartArt 图形"对话框，在左侧的窗格中选择 SmartArt 的类型，再在中间的"列表"列表框中选择需要的布局样式，在右侧窗格中会显示对该布局的具体说明，然后单击"确定"按钮即可，如图 7-10、图 7-11 所示。

图 7-10

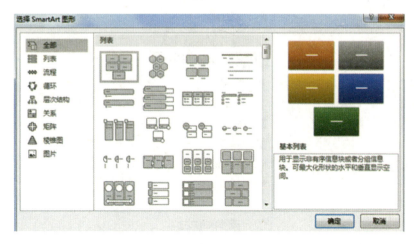

图 7-11

3. 插入文本

插入幻灯片中的 SmartArt 图形都不包含文本，这时可以在各种形状中添加文本，主要可使用以下方法来添加文本：

（1）直接输入

单击 SmartArt 图形中的一个形状，此时在其中出现文本插入点，直接输入文本即可。

（2）通过"文本窗格"输入

选中 SmartArt 图形，单击"SmartArt 工具"→"设计"选项卡"创建图形"组中的"文本

101

窗格"按钮,在打开的"在此处键入文字"窗格中输入所需的文字,如图 7-12 所示。

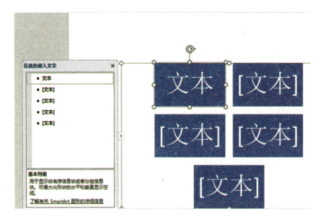

图 7-12

(3)通过右键菜单输入

选中 SmartArt 图形,在需要输入文本的形状上单击鼠标右键,在弹出的快捷菜单中选择"编辑文字",如图 7-13 所示。

图 7-13

4. 调整布局

如果对初次创建的 SmartArt 图形的布局不满意,可随时更换为其他布局,默认情况下,SmartArt 图形是从"从左到右"进行布局的,还可调整图形循环或指向的方向。

(1)更换布局

选中 SmartArt 图形,选择"SmartArt 工具"→"设计"选项卡"版式"组中的"其他"按钮,如图 7-14 所示,在打开的列表框中选择该类型的其他布局,如图 7-15 所示。

模块七 添加 SmartArt 图形

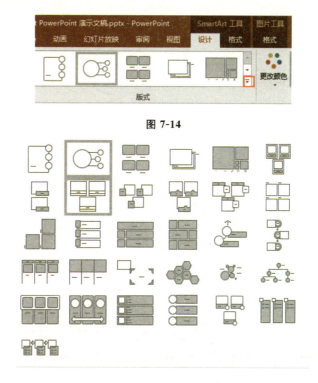

图 7-14

图 7-15

(2) 更换类型和布局

若要更改为其他类型的布局,则在如图 7-16 所示的列表框中选择"其他布局"选项,打开"SmartArt 图形"对话框,选择其他类型的布局。

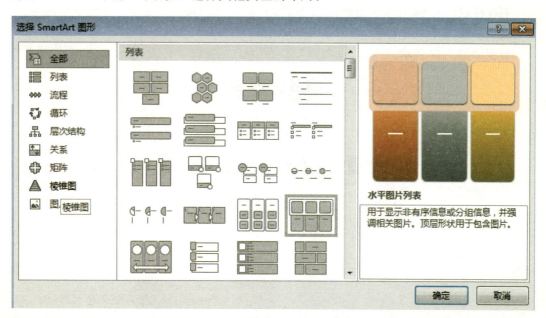

图 7-16

5. 添加或删除形状

（1）添加形状

在 SmartArt 图形中单击最接近新形状的添加位置的现有形状，选择"SmartArt 工具"→"设计"选项卡，单击"创建图形"组中的添加形状右侧的三角，在打开的列表框中选择其中一个选项作为新形状，并设置位置。

在后面添加形状：在所选形状所在的级别上，要在该形状后面插入一个形状。

在前面添加形状：在所选形状所在的级别上，要在该形状前面插入一个形状。

在上方添加形状：在所选形状的上一级别上插入一个形状，此时新形状将占据所选形状的位置，而所选形状及其下的所有形状均降一级。

在下方添加形状：在所选形状的下一级别上插入一个形状，此时新形状将添加在同级别的其他形状结尾处。

添加助理：在所选形状与下一级别之间插入一个形状，此选项仅在"组织结构图"布局中才可见。

（2）删除形状

删除形状的方法比较简单，选择需要删除的形状边框，按住"Delete"键即可将其删除，但并不是所有的形状都可以删除，不同的布局，执行操作的结果是不同的。

实训九

实训目的

主要考查 SmartArt 图形编辑方法的掌握情况。

实训描述

制作样张中的 SmartArt 图形。

实训步骤（略）

样张如图 7-17 所示。

图 7-17

模块八

插入多媒体元素和交互式动画的运用

1. 掌握多媒体元素在幻灯片中的应用；
2. 掌握交互式动画的使用方法。

任务一　插入多媒体元素

任务目标

主要学习在幻灯片中插入视频和声音。

任务描述

制作儿歌学习课件。

任务实施

① 新建演示文稿"儿歌学习"，按照图示新建幻灯片，如图 8-1 至图 8-3 所示。

图 8-1   图 8-2

图 8-3

② 选择第 2 张幻灯片，选择"插入"选项卡，单击"媒体"功能组中"视频"下方的三角，打开下拉菜单选择"PC 上的视频"，如图 8-4 至图 8-6 所示。

图 8-4

图 8-5

模块八　插入多媒体元素和交互式动画的运用

图 8-6

③在打开的插入视频对话框中，选择视频所在的路径，并选择需要的视频，如图 8-7 所示。

图 8-7

④插入视频后，选择"视频工具"中的"格式"和"播放"可以设置视频的属性，选择视频选项中的"全屏播放"，即可完成设置。用同样的方法设置第 3 张幻灯片中的两个视频，如图 8-8 至图 8-11 所示。

图 8-8

图 8-9

图 8-10

图 8-11

要点精讲

1. 直接插入视频

选择"插入"选项卡,单击"媒体"组"视频"下方的三角,打开快捷菜单,可以选择"联机视频"和"PC 上的视频"两种。以插入 PC 上的视频为例,在打开的"插入视频文件"对话框中,选择视频所在的路径,并选择需要的视频,如图 8-12 至图 8-14 所示。

图 8-12

图 8-13

模块八　插入多媒体元素和交互式动画的运用

图 8-14

2．插入视频链接

利用插入超链接的方法也可以插入视频链接，方法在下面的交互式动画中会详细介绍，如图 8-15、图 8-16 所示。

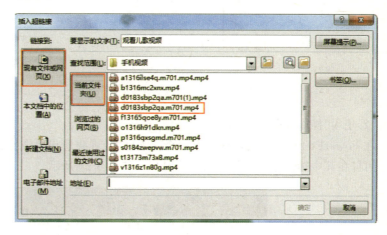

图 8-15　　　　　　　　　　　　　　图 8-16

3．插入音频

选择"插入"选项卡，单击"媒体"组"音频"下方的三角，和插入视频的方法相同，不同的是，这里还可以插入录制音频，如图 8-17、图 8-18 所示。

图 8-17　　　　　　　　　　　　　　图 8-18

109

4. PowerPoint 2016 中的新增功能

(1)新增 6 个图表类型

可视化对于有效的数据分析以及具有吸引力的故事分享至关重要。在 PowerPoint 2016 中，添加了 6 种新图表，选择"插入"选项卡，单击"插图"组中的"图表"按钮时，你会注意到 5 个特别适合于数据可视化的新选项："树状图""旭日图""直方图""箱形图"和"瀑布图"，如图 8-19 所示。

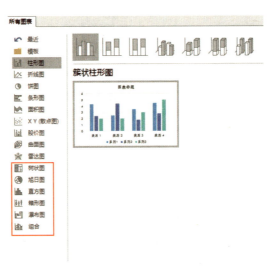

图 8-19

(2)使用"操作说明搜索"框

在 PowerPoint 2016 功能区上有一个搜索框"告诉我您想要做什么"，这是一个文本字段，可以在其中输入想要执行的功能或操作，如图 8-20 所示。

图 8-20

(3)墨迹公式

选择"插入"选项卡，单击"符号"组中"公式"下方的三角，打开下拉菜单，选择"墨迹公式",在这里可以手动输入复杂的数学公式。如果拥有触摸设备,则可以使用手指或触摸笔手动写入数学公式,PowerPoint 2016 会将它转换为文本(如果你没有触摸设备,也可以使用鼠标进行写入)。还可以在进行过程中擦除、选择以及更正所写入的内容,如图 8-21、图 8-22 所示。

图 8-21

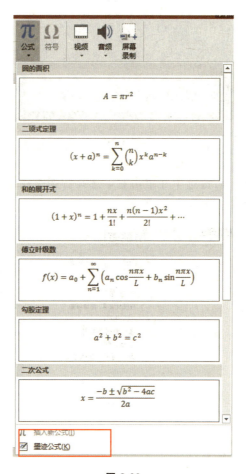

图 8-22

(4)屏幕录制

选择"插入"选项卡,单击"媒体"组中的"屏幕录制",能够通过一个无缝过程选择要录制的屏幕部分、捕获所需内容,并将其直接插入演示文稿中,如图 8-23 所示。

图 8-23

(5) 彩色、深灰色和白色 Office 主题

有 4 个可应用于 PowerPoint 2016 的 Office 主题：彩色、深灰色、黑色和白色。若要访问这些主题，需要转到"文件—账户"，然后单击 Office 主题旁边的下拉菜单，如图 8-24 所示。

图 8-24

(6) 智能查找

选择某个字词或短语，右键选中并单击它，选择智能查找，PowerPoint 2016 就会帮你打开定义，结果来自网络，如图 8-25 所示。

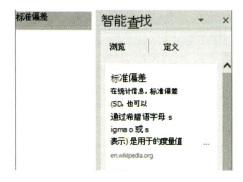

图 8-25

任务二　添加交互式动画

任务目标

主要学习交互式动画的设置方法。

模块八　插入多媒体元素和交互式动画的运用

设置交互式动画，完成幻灯片之间的有效链接。

完善模块八任务一的作品，增加一张幻灯片，作为引导页，并在第三张幻灯片中加入下一页动作按钮，在第四张中加入返回按钮，如图8-26至图8-28所示。

图 8-26　　　　　　　　　　　　　图 8-27

图 8-28

①打开任务一儿歌学习，在第一张和第二张幻灯片之间新建一张新的空白幻灯片，并按照图8-29、图8-30修改幻灯片背景并添加幻灯片标题、编辑文本框等。

图 8-29

113

图 8-30

②选中文本框中的文本"BINGO",单击鼠标右键,在出现的快捷菜单中选择"超链接",打开超链接对话框,如图 8-31 所示。

图 8-31

③在打开的插入超链接对话框中,可以设置链接到"本文档中的位置",并选择链接第 3 张幻灯片,用同样的办法可以设置第二个文本框的超链接,如图 8-32 所示。

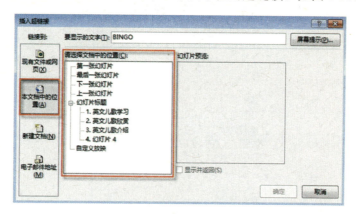

图 8-32

④设置好超链接后,文本的颜色也会改变,如图 8-33 所示。

图 8-33

⑤在幻灯片中,除了可以通过超链接来完成幻灯片的互动,还可以通过添加动作按钮进行幻灯片之间的链接,比如,选中第 3 张幻灯片,选择"插入"选项卡,单击"插图"组中的"形状"按钮,在打开的下拉菜单中选择"前进或下一项"动作按钮,放映时单击动作按钮就可以链接到相应幻灯片,如图 8-34、图 8-35 所示。

图 8-34

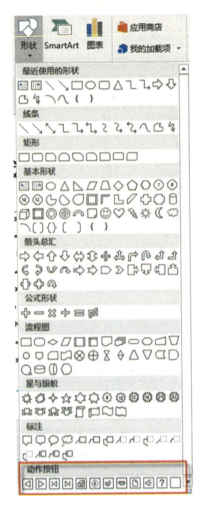

图 8-35

⑥用同样的方法可为第 4 张幻灯片添加返回到首页的动作按钮。

要点精讲

通常情况下，幻灯片是按照默认的顺序依次放映的，而如果在幻灯片中创建超链接，就可以通过单击链接对象，跳转到其他幻灯片、电子邮件或网页中。

1. 创建超链接

①在幻灯片中选择需要创建超链接的对象，选择"插入"选项卡，单击"链接"组中的"超链接"按钮，会弹出超链接对话框，在左侧的"链接到"列表中选择"本文档中的位置"按钮，在展开的"请选择文档中的位置"列表框中选择所要链接到的幻灯片标题，如图 8-36 所示。

②返回到幻灯片编辑窗口后，如果选择的对象是文本或艺术字，其颜色变为"蓝色"且出现下划线，表示创建超链接成功。

模块八　插入多媒体元素和交互式动画的运用

图 8-36

2. 通过动作按钮创建超链接

①选择需要创建超链接的幻灯片，选择"插入"选项卡，单击"插图"组中的"形状"按钮，在打开的列表框中选择一种动作按钮，当鼠标指针变为加号形状时，在幻灯片中拖动绘制按钮，同时打开"动作设置"对话框，单击选中"超链接到"单选项，再在其下方的下拉列表框中选择"幻灯片"选项，如图 8-37、图 8-38 所示。（以创建"前进或下一项"的按钮为例。）

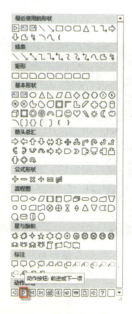

图 8-37

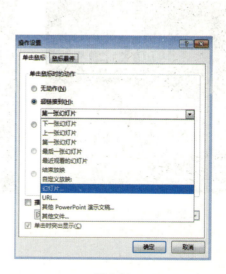

图 8-38

117

②打开"超链接到幻灯片"对话框,在"幻灯片标题"列表框中选择需要链接到的幻灯片,然后单击确定按钮,如图 8-39、图 8-40 所示。

图 8-39

③返回"动作设置"对话框,单击"确定"按钮即可完成超链接的创建,并返回到编辑窗口。当播放幻灯片时,单击该动作按钮可链接到指定的幻灯片。

实训十

实训目的
主要考查学生综合制作幻灯片的能力。

实训描述
制作端午节演示文稿。

实训步骤(略)
样张如图 8-40 至图 8-47 所示。

图 8-40

图 8-41

模块八　插入多媒体元素和交互式动画的运用

图 8-42

图 8-43

图 8-44

图 8-45

图 8-46

图 8-47

119